Mit den passenden Fragen zum Thema auf mediscript Online das eigene **Wissen auf Stärken und Schwächen überprüfen**

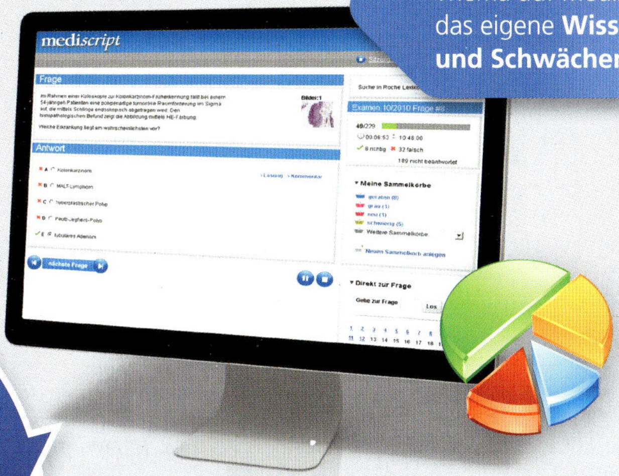

Üben

Organisieren

Wichtige **Lücken erkennen** und **gezielt schließen**

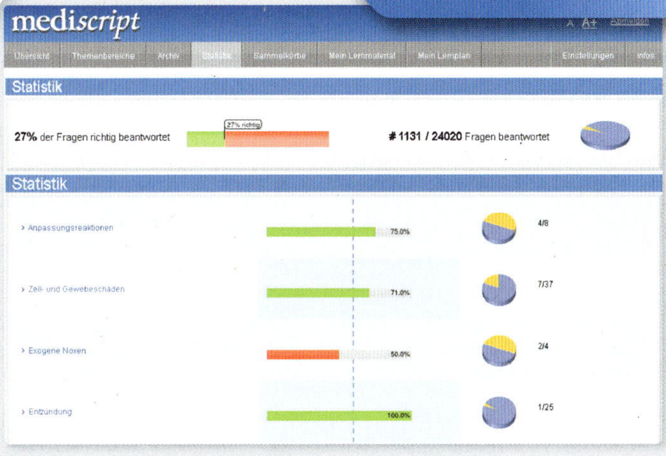

Mehr Informationen zur mediscript Lernwelt auf
www.mediscript-online.de

In der Reihe Last Minute erscheinen folgende Titel:

- Last Minute AINS
- Last Minute Anatomie
- Last Minute Augenheilkunde
- Last Minute Biochemie
- Last Minute Biologie
- Last Minute Chemie
- Last Minute Chirurgie
- Last Minute Gynäkologie und Geburtshilfe
- Last Minute HNO
- Last Minute Infektiologie
- Last Minute Innere Medizin
- Last Minute Neurologie
- Last Minute Pädiatrie
- Last Minute Pathologie
- Last Minute Pharmakologie
- Last Minute Physiologie
- Last Minute Physik
- Last Minute Psychiatrie
- Last Minute Psychologie/Soziologie
- Last Minute Urologie

Thomas Wenisch

Last Minute Physik

1. Auflage

URBAN & FISCHER München

Zuschriften und Kritik an:
Elsevier GmbH, Urban & Fischer Verlag, Hackerbrücke 6, 80335 München
E-Mail: medizinstudium@elsevier.de

Wichtiger Hinweis für den Benutzer

Die Erkenntnisse in der Medizin unterliegen laufendem Wandel durch Forschung und klinische Erfahrungen. Der Autor dieses Werks hat große Sorgfalt darauf verwendet, dass die in diesem Werk gemachten therapeutischen Angaben (insbesondere hinsichtlich Indikation, Dosierung und unerwünschter Wirkungen) dem derzeitigen Wissensstand entsprechen. Das entbindet den Nutzer dieses Werks aber nicht von der Verpflichtung, anhand weiterer schriftlicher Informationsquellen zu überprüfen, ob die dort gemachten Angaben von denen in diesem Buch abweichen und seine Verordnung in eigener Verantwortung zu treffen.
Für die Vollständigkeit und Auswahl der aufgeführten Medikamente übernimmt der Verlag keine Gewähr.
Geschützte Warennamen (Warenzeichen) werden in der Regel besonders kenntlich gemacht (®). Aus dem Fehlen eines solchen Hinweises kann jedoch nicht automatisch geschlossen werden, dass es sich um einen freien Warennamen handelt.

Bibliografische Information der Deutschen Nationalbibliothek
Die Deutsche Nationalbibliothek verzeichnet diese Publikation in der Deutschen Nationalbibliografie; detaillierte bibliografische Daten sind im Internet über http://www.d-nb.de abrufbar.

Alle Rechte vorbehalten
1. Auflage 2013

© Elsevier GmbH, München
Der Urban & Fischer Verlag ist ein Imprint der Elsevier GmbH.

13 14 15   4 3 2 1

Das Werk einschließlich aller seiner Teile ist urheberrechtlich geschützt. Jede Verwertung außerhalb der engen Grenzen des Urheberrechtsgesetzes ist ohne Zustimmung des Verlags unzulässig und strafbar. Das gilt insbesondere für Vervielfältigungen, Übersetzungen, Mikroverfilmungen und die Einspeicherung und Verarbeitung in elektronischen Systemen.

Um den Textfluss nicht zu stören, wurde bei Berufsbezeichnungen die grammatikalisch maskuline Form gewählt. Selbstverständlich sind in diesen Fällen immer Frauen und Männer gemeint.

Planung: Julia Baier, Sabine Hennhöfer, Elsevier Deutschland, München
Lektorat: Martina Schramm, Prinz 5 GmbH, Augsburg
Zeichnungen: Dr. Wolfgang Zettlmeier
Herstellung: Peter Sutterlitte, Elsevier Deutschland, München
Satz: abavo GmbH, Buchloe/Deutschland; TnQ, Chennai/Indien
Druck und Bindung: Printer Trento, Italien
Umschlaggestaltung: SpieszDesign, Neu-Ulm
Titelfotografie: @ GettyImages/Kick Images/Tsoi Hoi Fung

ISBN Print   978-3-437-43068-8
ISBN e-Book   978-3-437-16948-9

Aktuelle Informationen finden Sie im Internet unter **www.elsevier.de** und **www.elsevier.com**

Vorwort

Das Medizinstudium umfasst viele Fächer, darunter auch naturwissenschaftliche Grundlagen. Die Physik zählt in der ärztlichen Vorprüfung als sogenanntes kleines Fach. Dabei werden in der Physik wichtige Grundlagen gelegt: die dient dem Verständnis der Physiologie und der späteren beruflichen Praxis, in der der Einsatz von Medizintechnik eine zunehmend wichtige Rolle spielt.

Die Zeit vor einer größeren Zwischenprüfung ist für jeden Studenten eine Phase der Anspannung und Unruhe. Ist die Prüfungsvorbereitung wirklich gut genug? Hat man alle Fächer und relevanten Themengebiete bearbeitet? Mancher stellt fest, dass er sich an das eine oder andere Thema, das er zu Beginn der Vorbereitungsphase gelernt und verstanden hatte, schon nicht mehr erinnern kann. Bei anderen reicht die Zeit einfach nicht aus, um für alle Fächer ausreichend zu lernen.

In den letzten Tagen vor dem Prüfungstermin muss der Lehrstoff in sehr kurzer Zeit noch einmal wiederholt werden. Eine knappe und prägnante Zusammenfassung des relevanten Prüfungsstoffs ist jetzt gefragt! Dafür ist die „Last Minute Physik" dem Lernenden eine effektive Hilfe und Unterstützung.

Die Gliederung dieses Buchs orientiert sich am Gegenstandskatalog, ohne diesen jedoch vollständig abzubilden. Die Wahl der Schwerpunkte richtet sich nach den aktuellen Prüfungsfragen der letzten Jahre. Häufig gefragten Themen wird mehr Raum gegeben und sie werden eingehender behandelt. Selten Gefragtes wird nur knapp erwähnt oder weggelassen. Als zusätzliche Orientierung sind die Kapitel – wie in der Last-Minute-Reihe üblich – mit verschiedenen Farben entsprechend ihrer Prüfungsrelevanz markiert.

An einem Buch arbeitet nicht nur der Autor alleine. Viele Hände wirken mit, bis das fertige Werk seinen Leser erreicht. Mein besonderer Dank gilt an dieser Stelle Frau Julia Baier und Frau Sabine Hennhöfer vom Elsevier Verlag sowie Frau Martina Schramm von der Prinz 5 GmbH. Ohne die konstruktive Zusammenarbeit hätte dieses Buch nicht in seiner jetzigen Form erscheinen können.

Niemand ist perfekt! Für Anregungen, Kritik und Verbesserungsvorschläge bin ich allen Lesern dankbar. Sie tragen damit nicht nur zur Verbesserung einer Neuauflage bei, sondern helfen auch Ihren zukünftigen Kommilitonen bei der bestmöglichen Prüfungsvorbereitung. Für Ihre bevorstehende Prüfung wünsche ich Ihnen viel Erfolg!

Frühjahr 2013
Thomas Wenisch

Adresse

Dr. Thomas Wenisch
Erzberger Straße 15
63150 Heusendamm

So nutzen Sie das Buch

Prüfungsrelevanz
Die Elsevier-Reihe Last Minute bietet Ihnen die Inhalte, zu denen in den Examina der letzten 5 Jahre Fragen gestellt wurden. Eine Farbkennung gibt an, wie häufig ein Thema gefragt wurde, d. h. wie prüfungsrelevant es ist:
- Kapitel in violett ● kennzeichnen die Inhalte, die in bisherigen Examina sehr häufig geprüft wurden.
- Kapitel in grün ● kennzeichnen die Inhalte, die in bisherigen Examina mittelmäßig häufig geprüft wurden.
- Kapitel in blau ● kennzeichnen die Inhalte, die in bisherigen Examina eher seltener, aber immer wieder mal geprüft wurden.

Lerneinheiten
Das gesamte Buch wird in Tages-Lerneinheiten unterteilt. Diese werden durch eine „Uhr" dargestellt: Die Ziffer gibt an, in welcher Tages-Lerneinheit man sich befindet.
Jede Tages-Lerneinheit ist in sechs Abschnitte unterteilt: Der ausgefüllte Bereich zeigt, wie weit Sie fortgeschritten sind.

Und online finden Sie zum Buch
- Original-IMPP-Fragen
- Zu jedem Kapitel typische Fragen und Antworten aus der mündlichen Prüfung.

■ **CHECK-UP**

☐ Check-Up-Kasten: Fragen zum Kapitel als Selbsttest.

Merkekasten: wichtige Fakten, Merkregeln.

Zusatzwissen zum Thema, z. B. zusätzliche klinische Informationen.

Zum Üben stehen Ihnen unter http://www.mediscript-online.de/ alle IMPP-Fragen zur Physik zur Verfügung (Zugangscode s. vordere innere Umschlagseite). Am Ende jeden Kapitels finden Sie einen direkten Link zu einer Auswahl der jeweils wichtigsten IMPP-Fragen zum Thema auf mediscript online.

Griechisches Alphabet

Alpha	A	α	Ny	N	ν
Beta	B	β	Xi	Ξ	ξ
Gamma	Γ	γ	Omikron	O	o
Delta	Δ	δ	Pi	Π	π
Epsilon	E	ε	Rho	P	ρ
Zeta	Z	ζ	Sigma	Σ	σ
Eta	H	η	Tau	T	τ
Theta	Θ	θ	Ypsilon	Υ	υ
Iota	I	ι	Phi	Φ	φ
Kappa	K	κ	Chi	X	χ
Lambda	Λ	λ	Psi	Ψ	ψ
My	M	μ	Omega	Ω	ω

Zahlen- und Größenwerte

Tab. Häufig benötigte Zahlen- und Größenwerte

Zahlen		
Kreiszahl Pi	π	$3{,}14 \approx 3$
Euler-Zahl	e	$\approx 2{,}7$
	$\sqrt{2}$	$\approx 1{,}4$
Größen		
Erdbeschleunigung (Fallbeschleunigung an der Erdoberfläche)	g	$9{,}81\,\text{m} \cdot \text{s}^{-2} \approx 10\,\text{m} \cdot \text{s}^{-2}$
Schallgeschwindigkeit in Luft	c_L	$330\,\text{m} \cdot \text{s}^{-1}$
• in Wasser	c_W	$\approx 1.500\,\text{m} \cdot \text{s}^{-1}$
Lichtgeschwindigkeit in Vakuum und in Luft	c	$3 \cdot 10^8\,\text{m} \cdot \text{s}^{-1}$
Brechungsindex von Luft	n_L	1
• Wasser	n_W	$\approx 1{,}33$
• Glas	n_G	$\approx 1{,}5$
Dichte von Wasser	ρ	$1\,\text{g} \cdot \text{cm}^{-3} = 10^3\,\text{kg} \cdot \text{m}^{-3}$
Wärmekapazität von Wasser	C	$4{,}2\,\text{J} \cdot \text{g}^{-1} \cdot \text{K}^{-1}$
Avogadro-Zahl	N_A	$6{,}022 \cdot 10^{23}\,\text{mol}^{-1}$
Molvolumen eines Gases unter Normalbedingungen	V_{mol}	$22{,}4\,\text{L} \cdot \text{mol}^{-1}$
Luftdruck in Meereshöhe	P_0	$1.013\,\text{mbar} = 10^5\,\text{Pa}$
Gravitationskonstante	Υ	$6{,}67 \cdot 10^{-11}\,\text{N} \cdot \text{m}^2 \cdot \text{kg}^{-2}$
Gaskonstante	R	$8{,}31\,\text{J} \cdot \text{mol}^{-1} \cdot \text{K}^{-1}$
Boltzmann-Konstante	K	$1{,}38 \cdot 10^{23}\,\text{J} \cdot \text{K}^{-1}$
Stefan-Boltzmann-Strahlungskonstante	σ	$5{,}67 \cdot 10^{-8}\,\text{W} \cdot \text{m}^{-2} \cdot \text{K}^{-4}$
Faraday-Konstante	F	$96{,}485\,\text{C} \cdot \text{mol}^{-1}$
elektrische Feldkonstante	ε_0	$8{,}85 \cdot 10^{-12}\,\text{F} \cdot \text{m}^{-1}$
magnetische Feldkonstante	μ_0	$1{,}26 \cdot 10^{-6}\,\text{V} \cdot \text{s} \cdot \text{A}^{-1} \cdot \text{m}^{-1}$

Inhaltsverzeichnis

Tag 1 1
1 **Grundbegriffe des Messens und der quantitativen Beschreibung** 1
    Physikalische Größen 1
    Skalare und Vektoren 2
    Internationales Einheitensystem 3
    Fehler und Unsicherheiten beim Messen 5
    Statistische Fehlerrechnung 6
    Fehlerfortpflanzung 7
    Mathematische Zusammenhänge zwischen physikalischen Größen 8
    Grafische Darstellung 11

2 **Mechanik** 13
    Translationsbewegungen 13
    Kräfte 14
    Arbeit, Energie, Leistung 16
    Impuls, Stoßvorgänge 18
    Rotationsbewegung 19
    Druck 21
    Verformung fester Körper 23
    Kräfte an Grenzflächen 25
    Strömung von Flüssigkeiten und Gasen 26

3 **Struktur der Materie** 31
    Aufbau von Atomen und Atomkernen 31
    Festkörper, Flüssigkeiten, Gase 33

4 **Wärmelehre** 35
    Temperatur 35
    Temperaturabhängige Stoffeigenschaften 36
    Wärme, Wärmekapazität 36
    Thermodynamische Systeme 37
    Gaszustand 38

Tag 2 40
    Änderung des Aggregatzustands 40
    Wärmetransport 41
    Stoffgemische 42

5 **Elektrizitätslehre** 45
    Ladung, elektrisches Feld 45
    Elektrisches Potenzial, elektrische Spannung 46
    Materie im elektrischen Feld 47
    Elektrischer Strom 48
    Ohm-Gesetz, Ohm-Widerstand 49
    Elektrische Leistung 50
    Messung von Strom, Spannung und Widerstand 50
    Elektrische Kapazität 52

Inhaltsverzeichnis

	Elektrizitätsleitung	53
	Elektrische Spannungen an Grenzflächen, Diffusionsspannungen	54
	Magnetische Größen	55
	Wechselspannung, Wechselstrom	57
6	**Schwingung und Wellen**	**61**
	Schwingung	61
	Wellen	62
	Schallwellen	64
	Elektromagnetische Wellen	65
7	**Optik**	**69**
	Licht	69
	Geometrische Optik	70
	Wellenoptik	76
8	**Ionisierende Strahlung**	**77**
	Einteilung	77
	Radioaktivität	77
	Röntgenstrahlung	80
	Strahlendosis	81
	Strahlenwirkungen	82
	Register	**85**

1 Grundbegriffe des Messens und der quantitativen Beschreibung

- Physikalische Größen 1
- Skalare und Vektoren 2
- Internationales Einheitensystem 3
- Fehler und Unsicherheiten beim Messen 5
- Statistische Fehlerrechnung 6
- Fehlerfortpflanzung 7
- Mathematische Zusammenhänge zwischen physikalischen Größen 8
- Grafische Darstellung 11

 Physikalische Größen

Jeder physikalische Parameter, der im Experiment beobachtet und quantitativ angegeben werden kann, wird als physikalische Größe bezeichnet.
Beispiele: Zeit, Temperatur, Länge oder Geschwindigkeit.

Eine **physikalische Größe** wird immer angegeben durch einen Zahlenwert (auch Maßzahl genannt) der mit einer Einheit multipliziert wird:
Physikalische Größe = Zahlenwert · Einheit
Beispiel: Länge = 10 m, 10 ist die Maßzahl, Meter [m] die Einheit.

In **Gleichungen** werden stets die physikalischen Größen eingesetzt, d. h. die Zahlen mit ihren Einheiten. Bei korrektem Einsetzen trägt das Ergebnis einer Berechnung stets die richtige zugehörige Einheit.
Wird eine Größe durch ihre Einheit dividiert, ist das Resultat eine **dimensionslose Zahl.** In einer grafischen Darstellung werden deshalb die Koordinatenachsen mit Zahlen beschriftet, an den Achsen wird die Größe geteilt durch ihre Einheit angegeben, z. B.: Zeit/Sekunde (t/s).

■ **CHECK-UP**
☐ Wie werden physikalische Größen angegeben?

1 Grundbegriffe des Messens und der quantitativen Beschreibung

 ## Skalare und Vektoren

- Hat eine physikalische Größe die Angaben Zahlwert mit zugehöriger Einheit, spricht man von einer skalaren Größe, kurz, ein **Skalar**.
- Bei **Vektoren** muss neben Zahl und Einheit noch die Richtung angegeben werden. Vektorielle Größen werden mit einem Pfeil gekennzeichnet, z. B. Geschwindigkeit $\vec{v}$.

Zur Vereinfachung der Schreibweise wird der **Richtungspfeil** häufig weggelassen, wenn die Richtungsverhältnisse eindeutig erkennbar sind oder als bekannt vorausgesetzt ist, dass es sich bei der Größe um einen Vektor handelt.

Eine physikalische Größe ist das Produkt aus einer Zahlenangabe und einer Einheit:
- Skalar: Betrag + Einheit
- Vektor: Betrag + Einheit + Richtung

Beispiele: → Tabelle 1.1.

Vektoren werden grafisch als Pfeile dargestellt. Unter dem **Betrag** eines Vektors wird die Länge des Pfeils verstanden.

Addition und Subtraktion von Vektoren

Zwei Vektoren werden **grafisch addiert,** indem der Anfang eines Vektors parallel an das Ende des anderen Vektors verschoben wird. Die Summe beider Vektoren wird durch einen Pfeil vom Anfang des ersten bis zum Ende des zweiten Vektors repräsentiert (→ Abb. 1.1).
Auch die **Subtraktion** zweier Vektoren ist möglich, indem ein **Gegenvektor** $-\vec{v}$ addiert wird.

Gegenvektor: ein Vektor gleicher Länge, aber entgegengesetzter Orientierung. Beispiel: $\vec{v}$.

Ist die Länge des Vektors $|\vec{v}|$ und der Winkel α zwischen dem Vektor und der horizontalen Achse angegeben, berechnen sich die **Komponenten** zu:
Horizontalkomponente $\vec{v}_h = |\vec{v}| \cdot \cos\alpha$
Vertikalkomponente $\vec{v}_v = |\vec{v}| \cdot \sin\alpha$
Zwei Vektoren werden **rechnerisch addiert,** indem jeweils die Horizontal- und Vertikalkomponenten der einzelnen Vektoren addiert werden.

Multiplikation von Vektoren

Die Multiplikation eines Vektors mit einem Skalar ergibt wieder einen Vektor.
Beispiel: $\vec{F} = m \cdot \vec{a}$
Bei der Multiplikation zweier Vektoren wird zwischen dem Skalarprodukt und dem Vektorprodukt unterschieden.

Skalarprodukt. Das Ergebnis eines Skalarprodukts ist ein Skalar.
Beispiel: $W = \vec{F} \cdot \vec{s}$
Rechenzeichen der skalare Multiplikation ist ein Punkt (·). In die Rechnung geht der Winkel α zwischen beiden Vektoren ein, es gilt:

$$W = |\vec{F}| \cdot |\vec{s}| \cdot \cos\alpha$$

Tab. 1.1 Beispiele für Skalare und Vektoren

Skalare	Vektoren
Zeit	Kraft
Masse	Geschwindigkeit
Temperatur	Beschleunigung
Arbeit	Impuls
Leistung	elektrische Feldstärke
Trägheitsmoment	magnetische Flussdichte

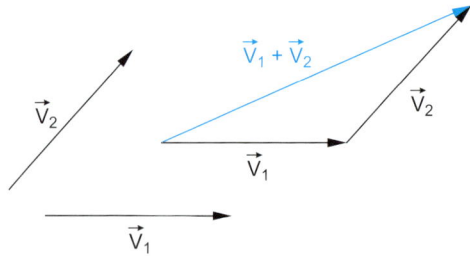

Abb. 1.1 Addition von Vektoren

Vektorprodukt. Das Ergebnis eines Vektorprodukts ist ein Vektor.
Beispiel: $\vec{M} = \vec{r} \times \vec{F}$
Rechenzeichen für die vektorielle Multiplikation ist ein Kreuz (×). Das Vektorprodukt wird deshalb auch Kreuzprodukt genannt.
Vom Winkel α zwischen den Vektoren hängt das Vektorprodukt wie folgt ab:

$$\left|\vec{M}\right| = \left|\vec{r}\right| \cdot \left|\vec{F}\right| \cdot \sin\alpha$$

Der neu entstandene Vektor steht senkrecht auf den beiden Ausgangsvektoren. Alle drei Vektoren bilden ein sogenanntes **Rechtssystem**.
Wird der Vektor $\vec{r}$ auf kürzestem Weg in Richtung von $\vec{F}$ gedreht, so zeigt $\vec{M}$ in die Richtung, in die sich eine Schraube mit Rechtsgewinde bei entsprechender Drehrichtung bewegen würde. Die Richtung lässt sich auch mit der sogenannten **Rechten-Hand-Regel** oder 3-Finger-Regel der rechten Hand bestimmen (→ Abb. 1.2):
- der Daumen der rechten Hand zeigt in Richtung von $\vec{r}$,

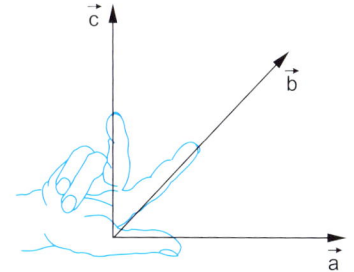

Abb. 1.2 Rechte-Hand-Regel beim Vektorprodukt $\vec{c} = \vec{a} \times \vec{b}$

- der Zeigefinger in Richtung von $\vec{F}$,
- der Mittelfinger gibt dann die Richtung von $\vec{M}$ an.

Beim Vektorprodukt muss die **Reihenfolge** der Vektoren beachtet werden, denn $\vec{a} \times \vec{b} \neq \vec{b} \times \vec{a}$. Es gilt: $\vec{a} \times \vec{b} \neq -(\vec{b} \times \vec{a})$.

■ **CHECK-UP**

☐ Worin unterscheiden sich Skalare und Vektoren?
☐ Nennen Sie Beispiele für skalare und vektorielle Größen.

Internationales Einheitensystem

Für eine physikalische Größe sind oft verschiedene Einheiten gebräuchlich. Zum Beispiel werden weltweit Entfernungen im metrischen System mit den Angaben Meter bzw. Zentimeter angegeben. In den USA beispielsweise gelten dagegen traditionell die Einheiten Zoll, Fuß und Meilen.
Mit dem **internationalen Einheitensystem SI** (Système internationale des Unités) wurde ein weltweiter Standard definiert, der eine Reihe von Basisgrößen mit ihren Einheiten festlegt (→ Tab. 1.2).
Alle anderen Größen und ihre Einheiten lassen sich aus diesen Basisgrößen des SI ableiten (→ Tab. 1.4).
Beispiel:

$$1\,\text{W} = 1\,\frac{\text{J}}{\text{s}} = 1\,\frac{\text{N}}{\text{s}} = 1\,\frac{\text{km}}{\text{s}^2}\frac{\text{m}}{\text{s}} = 1\,\frac{\text{km}^2}{\text{s}^3}$$

Für sehr große oder kleine Werte sind dezimale Vielfache der Grundeinheiten gebräuchlich, da hier die ausschließliche Benutzung der Grundeinheiten oft zu sehr unhandlichen Zahlenwer-

Tab. 1.2 Basisgrößen des internationalen Einheitensystems

Basisgröße	Basiseinheit	
	Name	Zeichen
Länge	Meter	m
Masse	Kilogramm	kg
Zeit	Sekunde	s
elektrische Stromstärke	Ampere	A
Temperatur	Kelvin	K
Stoffmenge	Mol	M
Lichtstärke	Candela	cd

1 Grundbegriffe des Messens und der quantitativen Beschreibung

Tab. 1.3 Dezimale Vielfache

Vorsilbe	Abkürzung	Zehnerpotenz
Tera	T	10^{12}
Giga	G	10^{9}
Mega	M	10^{6}
Kilo	k	10^{3}
milli	M	10^{-3}
mikro	μ	10^{-6}
nano	N	10^{-9}
pico	P	10^{-12}
femto	F	10^{-15}
Hekto	H	10^{2}
Deka	Da	10^{1}
dezi	D	10^{-1}
centi	C	10^{-2}

ten führen würde. Diese Vielfache sind durch Vorsilben gekennzeichnet, deren Wechsel jeweils eine Änderung um den Faktor 10^3 bedeutet (→ Tab. 1.3).
Im allgemeinen Sprachgebrauch sind zusätzlich die Vorsilben Hekto, Dezi und Zenti (Centi) gebräuchlich.
Abgeleitete Einheiten wie Flächen oder Volumina lassen sich entsprechend ihrer Definition in ihre dezimalen Vielfachen umrechnen.
Beispiel:
$1\,m^2 = (100\,cm)^2 = 10.000\,cm^2$
$1\,m^3 = (100\,cm)^3 = 1.000.000\,cm^2$

Tab. 1.4 Einige abgeleitete Größen und ihre Definition (teilweise vereinfacht dargestellt, unter Verzicht auf differenzielle bzw. Integraldefinitionen)

Name	Zeichen	Definition	Einheit	
Fläche	A	l^2	m^2	
Volumen	V	l^3	m^3	$1.000\,cm^3 = 1$ Liter (l) $1\,cm^3 = 1$ ml
Dichte	ρ	$\rho = \dfrac{m}{V}$	$\dfrac{kg}{m^3}$	auch: $\dfrac{g}{cm^3}$
Geschwindigkeit	$\vec{v}$	$\vec{v} = \dfrac{\Delta \vec{s}}{\Delta t}$	$\dfrac{m}{s}$	
Beschleunigung	$\vec{a}$	$\vec{a} = \dfrac{\Delta \vec{v}}{\Delta t}$	$\dfrac{m}{s^2}$	
Impuls	$\vec{p}$	$\vec{p} = m \cdot \vec{v}$	$\dfrac{kg \cdot m}{s}$	
Kraft	$\vec{F}$	$\vec{F} = m \cdot \vec{a}$	$\dfrac{kg \cdot m}{s^2}$	= 1 Newton (N)
Arbeit (Energie)	W	$W = \vec{F} \cdot \vec{s}$	$N \cdot m$	= 1 Joule (J)
Drehmoment	$\vec{M}$	$\vec{M} = \vec{F} \cdot \vec{r}$	$N \cdot m$	Die Einheit ist auch Nm, das Drehmoment wird aber nicht in Joule angegeben.
Leistung	P	$P = \dfrac{\Delta W}{\Delta t}$	$\dfrac{J}{s}$	= 1 Watt (W)
Druck	P	$P = \dfrac{F}{A}$	$\dfrac{N}{m^2}$	= 1 Pascal (Pa) 1 Pa = 10^{-5} kg/cm^{-2} = 10^{-5} bar 1 Torr = 1 mmHg = 1,334 mbar
Ladung	Q	$Q = I \cdot t$	$A \cdot s$	= 1 Coulomb (C)

Tab. 1.4 Einige abgeleitete Größen und ihre Definition (teilweise vereinfacht dargestellt, unter Verzicht auf differenzielle bzw. Integraldefinitionen) (Forts.)

Name	Zeichen	Definition	Einheit	
Kapazität	C	$C = \dfrac{Q}{U}$	$\dfrac{C}{V}$	= 1 Farad (F)
Schallstärke	L	$L = 10 \cdot \log\left(\dfrac{I}{I_0}\right)$	dB	Dezibel (wichtig ist hier die Definition über den Logarithmus)
Brechkraft	φ	$\varphi = \dfrac{1}{f}$	$\dfrac{1}{m}$	= 1 Dioptrie (dpt)
Aktivität	A	$\dfrac{\text{Zerfälle}}{\text{Sekunde}}$	$\dfrac{1}{s}$	= 1 Becquerel (Bq)

■ CHECK-UP

☐ Nennen Sie die sieben Basisgrößen des internationalen Einheitensystems.

 Fehler und Unsicherheiten beim Messen

Ein Messwert kann den Wert einer beobachteten Größe niemals mit absoluter Genauigkeit bestimmen. Es treten stets Beobachtungs- und Messfehler auf. Dabei wird zwischen systematischen und zufälligen (statistischen) Fehlern unterschieden.

Systematische Fehler
Ursachen:
- Mängel im Messverfahren,
- Fehler bei der Versuchsplanung,
- Fehler des Experimentators.

Beispiel: Benutzung eines defekten Messgeräts oder eines falschen Maßstabs.

> Eine Wiederholung der Messung unter gleichen Bedingungen hat keinen Einfluss auf den systematischen Fehler, da dieser in der gleichen Weise wieder auftritt.

Bei bekannter Fehlerquelle kann der Fehler berücksichtigt werden und das Ergebnis unter Umständen korrigiert werden.

Zufällige oder statistische Fehler
Ursachen:
- Ablesefehler,
- Toleranzen der Messgeräte,
- Erschütterungen,
- Temperaturschwankungen.

Fehler entstehen durch unsystematische Umgebungseinflüsse. Bei wiederholter Messung kann die Größe des Fehlers abgeschätzt werden.

Messtoleranz. Die Toleranz von Messgeräten ist in der Regel bekannt. Elektrische Messinstrumente werden in die **Güteklassen** 0,1; 0,2; 0,5; 1; 1,5; 2,5 und 5 eingeteilt. Die Güteklasse gibt eine obere Abschätzung des auftretenden Messfehlers in Prozent an, bei analoger Anzeige ausgehend vom Skalenendwert, bei digitaler Anzeige ausgehend vom Messbereichsendwert.
Der Messbereich soll deshalb bei analogen Messgeräten stets so gewählt werden, dass der Messwert im letzen Skalendrittel angezeigt wird.
Beispiel: Voltmeter Güteklasse 1, angezeigter Wert 7 V
- Messbereich 100 V, Messfehler 1% von 100 V = 1 V, gemessene Spannung 7 V ± 1 V = 6–8 V
- Messbereich 10 V, Messfehler 1% von 10 V = 0,1 V, gemessene Spannung 7 V ± 0,1 V = 6,9–7,1 V.

Absoluter und relativer Messfehler. Zu einem Messwert x sollte immer auch der Messfehler Δx angegeben werden, entweder als absoluter oder relativer Fehler.

Absoluter Fehler: $x \pm \Delta x$
Der absolute Fehler hat die gleiche Einheit wie der Messwert bzw. ein dezimales Vielfaches davon.

1 Grundbegriffe des Messens und der quantitativen Beschreibung

Beispiel: 7 V±0,1 V.

Relativer Fehler: $x \pm \dfrac{\Delta x}{x}$

Beim relativen Fehler handelt es sich um eine dimensionslose Zahl, denn bei der Berechnung kürzt sich die Einheit heraus. Üblich ist die Angabe in Prozent (%), bei sehr kleinen Fehlern auch in Promille (‰).

Beispiel: $7V \pm \dfrac{0{,}1V}{7V} = 7V \pm 0{,}014 = 7V \pm 1{,}4\%$.

- **Systematischer Fehler:** keine Änderung bei Wiederholung der Messung; eventuell Korrektur der Messwerte möglich,
- **Zufälliger Fehler:** statistisch abschätzbar; wiederholtes Messen kann die Genauigkeit verbessern,
- **Absoluter Fehler:** gleiche Einheit wie das Messergebnis,
- **Relativer Fehler:** dimensionslos; Angabe meist in Prozent.

■ CHECK-UP

☐ Worin unterscheiden sich systematische und statistische Fehler?
☐ Wie und mit welchen Einheiten geben Sie den absoluten und den relativen Fehler an?

Statistische Fehlerrechnung

Bei zufälligen Einflüssen auf eine Messgröße treten Abweichungen nach oben und unten mit gleicher Wahrscheinlichkeit auf. Jede Wiederholung der Messung ergibt zufällig ein anderes Ergebnis. Die Häufigkeit des Auftretens der Einzelergebnisse x wird durch die **Gauß-Verteilung** beschrieben. Die Messwerte sind „normal verteilt", deshalb spricht man synonym von einer **Normalverteilung**. Grafisch bildet die Gauß-Verteilung eine symmetrische „Glockenkurve" (→ Abb. 1.3).

Arithmetischer Mittelwert μ

Der **arithmetische Mittelwert** μ wird aus einer Messreihe mit n Messwerten und den Einzelwerten x_i berechnet als:

$$\mu = \dfrac{\sum_{i=1}^{n} x_i}{n}$$

Bei einer größeren Population kann oft nicht jede Einzelmessung durchgeführt werden. Dann wird eine repräsentative Stichprobe untersucht. Je größer die Anzahl n der Stichprobe gewählt wird, desto mehr nähert sich der arithmetische Mittelwert dem Erwartungswert der Messung an, d. h. demjenigen Wert der sich bei Untersuchung der gesamten Population und anschließender Mittelwertbildung ergeben würde.
Der Mittelwert sagt nichts über die Genauigkeit einer Messung aus.

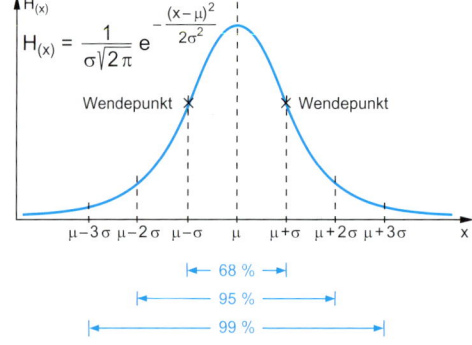

Abb. 1.3 Normalverteilung (Gauß-Verteilung) und Konfidenzintervalle

Standardabweichung σ

Die Standardabweichung σ gibt die **Streuung** um den Mittelwert an, also den Abstand der Wendepunkte der Normalverteilung zum Mittelwert:

$$\sigma = \sqrt{\frac{\sum_{i=1}^{n}(x\mu-)^2}{n-1}}$$

Das Quadrat der Standardabweichung wird als Varianz bezeichnet $V_{(x)} = \sigma^2$.

Konfidenzintervall

Vielfache der Standardabweichung bilden die **Konfidenzintervalle,** in denen ein bestimmter Anteil der Messwerte liegt. Beispiele → Tabelle 1.5.

Tab. 1.5 Beispiele für Konfidenzintervalle

Konfidenzintervall	Anteil der Messwerte, gerundet
$[\mu-\sigma, \mu+\sigma]$	68 %
$[\mu-2\sigma, \mu+2\sigma]$	95 %
$[\mu-3\sigma, \mu+3\sigma]$	99 %

Standardfehler

Der **Standardfehler** $\Delta\bar{x}$ gibt Standardabweichung der jeweiligen Mittelwerte an, wenn die Messreihe unter gleichen Bedingungen wiederholt wird. Er kann auch schon aus der einzelnen Messreihe berechnet werden:

$$\Delta\bar{x} = \frac{\sigma}{\sqrt{n}} = \sqrt{\frac{\sum_{i=1}^{n}(x_i - \mu)^2}{n(n-1)}}$$

■ CHECK-UP

- ☐ Wie sind Mittelwert und Standardabweichung definiert?
- ☐ Zeichnen Sie eine Gauß-Verteilung.
- ☐ Was ist ein Konfidenzintervall?

Fehlerfortpflanzung

Bei Ergebnissen, die von mehreren Variablen abhängen, kann der **Gesamtfehler** berechnet werden.
Hängt die Funktion F von zwei Variablen a und b ab, können vereinfacht folgende Fälle auftreten:

Summen und Differenzen
$F = a \pm b$

$$\Delta F = \sqrt{(\Delta a)^2 + (\Delta b)^2}$$

ΔF, Δa und Δb sind die absoluten Fehler.

Produkte und Quotienten
$F = a \cdot b$ oder $F = a/b$

$$\frac{\Delta F}{F} = \sqrt{\left(\frac{\Delta a}{a}\right)^2 + \left(\frac{\Delta b}{b}\right)^2}$$

Eingesetzt werden die relativen Fehler. Ergebnis ist der relative Gesamtfehler.

Potenzen
$F = a^m \cdot b^n$

$$\frac{\Delta F}{F} = \sqrt{\left(m \cdot \frac{\Delta a}{a}\right)^2 + \left(n \cdot \frac{\Delta b}{b}\right)^2}$$

Wenn nur eine Variable in höherer Potenz in das Messergebnis eingeht, gilt:
$F = a^m$

$$\frac{\Delta F}{F} = m \cdot \frac{\Delta a}{a}$$

Geht eine Variable nicht linear in das Ergebnis ein, wird der relative Fehler der Messgröße mit deren Potenz multipliziert.

Beispiel: Die Kreisfläche $A = \pi \cdot r^2$ soll bestimmt werden. Dazu wird der Radius mit einem relativen Fehler von 5 % gemessen. Dann ist der relative Fehler der Fläche $\Delta A = 2 \cdot 5\% = 10\%$.

1 Grundbegriffe des Messens und der quantitativen Beschreibung

> **■ CHECK-UP**
>
> ☐ Eine Größe mit einem relativen Fehler von 2 % geht in der 4. Potenz in das Ergebnis einer Rechnung ein. Wie groß ist der relative Fehler dieses Ergebnisses?

Mathematische Zusammenhänge zwischen physikalischen Größen

■ Funktionen, Differenzial und Integral

Funktion

Eine mathematische Funktion ist eine Zuordnungsvorschrift, die jedem Wert einer unabhängigen Variablen x einen zugehörigen Funktionswert f(x) zuweist.
Physikalische Systeme lassen sich durch mathematische Funktionen beschreiben. Damit kann das Verhalten des Systems unter verschiedenen Bedingungen berechnet werden.
Zahlreiche physikalische Größen, wie z. B. Geschwindigkeit und Beschleunigung, werden über die Veränderung einer anderen Größe definiert. Mathematisch bedeutet die Rate der Änderung einer Funktion die Steigung der Funktion.
Im einfachen Fall einer linearen Funktion

$$f_{(x)} = m \cdot x + c$$

lässt sich die Steigung leicht ermitteln.
Die Konstante c gibt den Schnittpunkt der Funktion mit der **Ordinate** (vertikale Achse, Y-Achse) an. Die Steigung m lässt sich grafisch durch ein „Steigungsdreieck" (→ Abb. 1.4a), wie auch rechnerisch bestimmen:

$$m = \frac{\Delta y}{\Delta x} = \frac{f_{(x_2)} - f_{(x_1)}}{x_2 - x_1}$$

Bei nichtlinearen Funktionen wird die **Sekantensteigung** m_s bestimmt (→ Abb. 1.4b).

$$m_s = \frac{\Delta f_{(x)}}{\Delta x} = \frac{f_{(x_2)} - f_{(x_1)}}{x_2 - x_1}$$

Differenzial

Dieser Ausdruck, der **Differenzenquotient,** gibt die mittlere Änderungsrate im Intervall Δx an. Wird nun das Intervall Δx immer kleiner, indem der Punkt x_2 immer weiter an x_1 heranrückt, so nähert sich die ermittelte Sekantensteigung immer mehr der Steigung m_t der Tangenten im Punkt x_1.
Für lim $\Delta x \to 0$ erhält man den Differenzialquotienten oder die Ableitung der Funktion F.

$$m_t = \frac{df_{(x)}}{dx} = \lim_{\Delta x \to 0} \frac{\Delta f_{(x)}}{\Delta x}$$

d/dx wird als **Differenzialoperator** bezeichnet. Er wird durch die Ableitung einer Funktion nach der Variablen x gebildet.

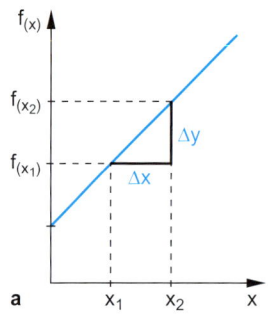
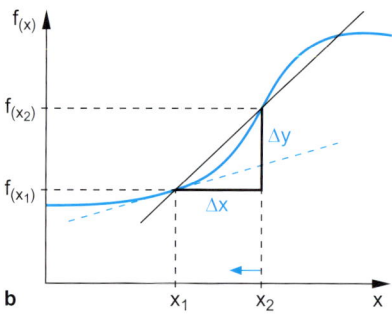

Abb. 1.4 Bestimmung der Steigung einer linearen Funktion (a) und einer nichtlinearen Funktion (b)

Bei der Funktion einer Variablen ist es üblich, abkürzend die **Ableitung** durch einen Strich zu kennzeichnen:

$$\frac{df_{(x)}}{dx} = f'_{(x)}$$

In der Physik wird oft die **Ableitung nach der Zeit t** gebildet. Diese wird mit einem Punkt gekennzeichnet:

$$\frac{df_{(t)}}{dt} = \dot{f}_{(t)}$$

Integral

Andere physikalische Größen, wie z. B. Arbeit, werden durch Integration definiert.
Der Wert eines Integrals entspricht einer bestimmten Fläche unterhalb einer Kurve. X_1 und x_s sind die Begrenzungen der gesuchten Fläche, also die Grenzen des Integrals. Um seine Fläche genau zu bestimmen, werden rechteckige Flächenstreifen unter der Kurve berechnet (→ Abb. 1.5). Mathematisch wieder ein Grenzübergang $\lim \Delta x \to 0$ durchgeführt. Das Integral

$$A = \int_{x_1}^{x_s} f_{(x)} dx$$

gibt dann den exakten Wert der Fläche A an. Der **Operator dx** schreibt vor, die Funktion f nach der Variablen x zu integrieren.

■ Trigonometrische Funktionen

Sinus- und Cosinusfunktion

Sinus- und Cosinusfunktion sind am **Einheitskreis** definiert, d. h. einem Kreis mit dem Radius 1 (→ Abb. 1.6).

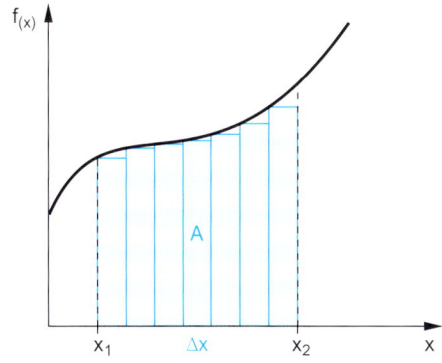

Abb. 1.5 Das Integral gibt die Fläche unter einer Kurve an

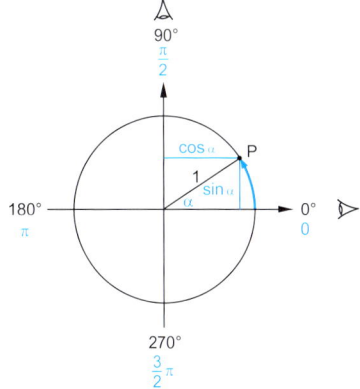

Abb. 1.6 Definition von Sinus und Cosinus am Einheitskreis

1 Grundbegriffe des Messens und der quantitativen Beschreibung

Der Punkt P bewege sich auf einer Kreisbewegung gegen den Uhrzeigersinn. Seine Position wird durch den Winkel α angegeben.
- sin(α) gibt den Abstand des Punkts zur horizontalen Achse des Koordinatensystems an,
- cos(α) den Abstand zur vertikalen Achse.
- Wird die Bewegung des Punkts mit der Blickrichtung aus der Zeichenebene von links beobachtet, ergibt der Abstand zur horizontalen Achse die Sinuskurve.
- Die Kurve der Cosinusfunktion entsteht aus der Blickrichtung von oben durch den Abstand von der vertikalen Achse (→ Abb. 1.7).
- Die Grafen von Sinus- und Cosinusfunktion sind um 90° gegeneinander verschoben.

Die Tangensfunktion wird durch Sinus und Cosinus definiert als:

$$\tan\alpha = \frac{\sin\alpha}{\cos\alpha}$$

Bogenmaß

Statt der Angabe des Winkels α kann auch die Strecke angegeben werden, die in Drehrichtung entlang des Kreisbogens zurückgelegt werden muss, um zu dem Punkt P zu gelangen.
Dies wird als Bogenmaß, seine Einheit als **Radiant (rad)** bezeichnet. Das Bogenmaß gibt das Verhältnis des von einem Winkel aufgespannten Kreisbogens zum Radius des Kreises an.
Eine volle Umdrehung von 360° entspricht im Bogenmaß dem Umfang des Einheitskreises von 2π. Der Winkel im Bogenmaß ist eine dimensionslose Zahl.

Umrechnung **Grad in Radiant:**

$$\alpha/\text{rad} = \frac{\alpha/°}{360} \cdot 2\pi$$

Umrechnung **Radiant in Grad:**

$$\alpha/° = \frac{\alpha/\text{rad}}{2\pi} \cdot 360°$$

Die Schreibweise α/rad bedeutet, dass der Winkel in Radiant eingesetzt wird, α/° steht für die Angabe in Grad.

Raumwinkel

Ein Raumwinkel ist das Verhältnis des von ihm aufgespannten Kugelflächenanteils zum Quadrat des Kugelradius. Seine Einheit ist das **Steradiant (sr)**. Ein „voller" Raumwinkel entspricht der Fläche der Einheitskugel von 4π.

Berechnungen am Dreieck

Für Berechnungen an einem rechtwinkligen Dreieck (→ Abb. 1.8) mit der **Hypotenuse (Hyp)**, der **Gegenkathete (GK)** und der **Ankathete (AK)** gelten:

$$\sin\alpha = \frac{GK}{HYP} \quad \cos\alpha = \frac{AK}{HYP} \quad \tan\alpha = \frac{GK}{AK}$$

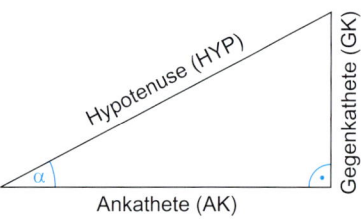

Abb. 1.8 Rechtwinkliges Dreieck

Tab. 1.6 Sinus und Cosinus häufig verwendeter Winkel

α	sin α	cos α
0°	0	1
30°	$\frac{1}{2}$	$\frac{1}{2}\sqrt{3}$
45°	$\frac{1}{2}\sqrt{2}$	$\frac{1}{2}\sqrt{2}$
60°	$\frac{1}{2}\sqrt{3}$	$\frac{1}{2}$
90°	1	0

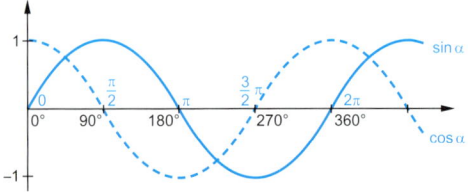

Abb. 1.7 Die Kurven für die Sinus- und Cosinusfunktion

Die in → Tabelle 1.6 angegebenen Sinus- und Cosinuswerte werden häufig abgefragt. Es lohnt sich, sie gut zu lernen.

■ Exponential- und Logarithmusfunktion

Exponentialfunktion
Die Exponentialfunktion hat die Form

$$y = a^x$$

Wachstums- und Zerfalls- bzw. Abklingprozesse werden durch Exponentialfunktionen beschrieben.
positiver Exponent → Wachstumsvorgang
negativer Exponent → Abklingen bzw. Zerfall.
Besonders wichtig ist die **e-Funktion**

$$y = e^x$$

mit der **Euler-Zahl e = 2,718…** als Basis. Die Steigung der e-Funktion ist proportional zum Funktionswert. Damit ändert sich die Funktion bei Differentiation und Integration nicht.
Exponentialfunktionen treten in der Physik beim radioaktiven Zerfall oder der Absorption von Strahlung auf.
Jede beliebige Exponentialfunktion kann mit

$$a^x = e^{\ln(a) \cdot x}$$

auch durch eine e-Funktion ausgedrückt werden.
Die Exponentialfunktion ändert sich in gleichen Intervallen jeweils um den gleichen Prozentsatz. Beschreibt die Funktion eine zeitabhängige Abnahme, wird die Zeit, nach der die Funktion auf die Hälfte des Anfangswerts abgefallen ist, als **Halbwertszeit $t_{1/2}$** bezeichnet.

Logarithmusfunktion
Die Logarithmusfunktion ist die Umkehrfunktion der Exponentialfunktion. Aus

$$y = a^x$$

folgt in der Umkehrung

$$x = \log_a y$$

Gesprochen: x ist der Logarithmus zur Basis a von y.
Beispiel: $10^3 = 1.000 \rightarrow 3 = \log_{10}(1.000)$
Für die Praxis wichtig sind der **dekadische** Logarithmus zur Basis 10 und der **natürliche** Logarithmus (Logarithmus naturalis = ln).
Die üblichen Abkürzungen für die Tasten auf dem Taschenrechner:
- dekadischer Logarithmus → Taste [log]
- natürlicher Logarithmus → Taste [ln]

 CHECK-UP
- ☐ Wo treten Exponentialfunktionen auf?
- ☐ Warum wird eine halblogarithmische Darstellung verwendet?
- ☐ Erklären Sie den Begriff Halbwertszeit.

Grafische Darstellung

Grundlage
Für die Darstellung von Messergebnissen bieten sich **x-y-Koordinatensysteme an.**
- Auf der **Abszisse** (waagerechte Achse, häufig x- oder t-Achse) wird die unabhängige, vom Experimentator vorgegebene, Variable eingetragen.
- Die **Ordinate** (senkrechte oder y-Achse) gibt die gemessene Größe, also die abhängige Variable, an.

Kann der Messfehler abgeschätzt werden, wird er in Form eines **Fehlerbalkens** eingezeichnet.

Proportionalitätsfaktor
Wenn zwischen beiden aufgetragenen Größen ein linearer Zusammenhang besteht, so ist der Graf eine Gerade, deren Steigung $\Delta y / \Delta x$ den Proportionalitätsfaktor zwischen beiden Größen angibt.

Exponentialfunktion
Bei der Darstellung von Exponentialfunktionen wird in einem Koordinatensystem mit logarithmisch geteilter Ordinate aus dem gekrümmten Verlauf eine Gerade (→ Abb. 1.9).

1 Grundbegriffe des Messens und der quantitativen Beschreibung

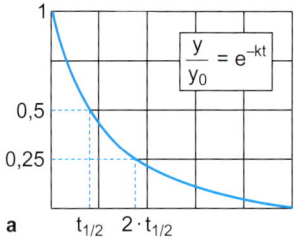
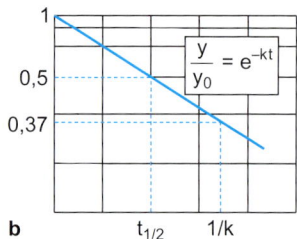

Abb. 1.9 Exponentialfunktion mit (a) linearer und (b) logarithmischer Ordinate

Eine normierte Darstellung, bei der die y-Werte jeweils durch den Anfangswert y_0 dividiert werden, hat den Vorteil, dass der Graf bei 1 bzw. 100 % beginnt.

Die Halbwertszeit $t_{1/2}$ kann nun als der dem Ordinatenwert 0,5 zugehörige Wert auf der Abszisse einfach bestimmt werden.

Der **Koeffizient k** im Exponenten der Funktion kann ebenfalls leicht bestimmt werden, denn der zu y/y0 = 0,37 gehörige Wert auf der Abszisse gleich 1/k ist.

Zwischen k und $t_{1/2}$ besteht der Zusammenhang:

$$k = \frac{\ln(2)}{t_{1/2}}$$

Bei einer doppellogarithmischen (kurz: logarithmischen) Darstellung sind beide Achsen logarithmisch geteilt. Ein Beispiel hierfür sind Hörkurven, die den Empfindlichkeitsverlauf des menschlichen Gehörs wiedergeben.

■ CHECK-UP

- ☐ Warum werden Exponentialfunktionen häufig halblogarithmisch dargestellt?
- ☐ Welchen Vorteil bietet eine normierte Darstellung?

Und jetzt üben mit den wichtigsten IMPP-Fragen:
http://www.mediscript-online.de/Fragen/Wenisch_Kap01
(Anleitung zum Einloggen s. Buchdeckel-Innenseite).

2 Mechanik

- Translationsbewegungen 13
- Kräfte 14
- Arbeit, Energie, Leistung 16
- Impuls, Stoßvorgänge 18
- Rotationsbewegung 19
- Druck 21
- Verformung fester Körper 23
- Kräfte an Grenzflächen 25
- Strömung von Flüssigkeiten und Gasen 26

Translationsbewegungen

Gleichförmige Bewegung

Bei einer gleichförmigen Bewegung ist die Geschwindigkeit konstant. Es gilt:

$$v = \frac{\Delta s}{\Delta t}$$

Δs ist der im Zeitintervall Δt zurückgelegte Weg. SI-Einheit der Geschwindigkeit: **m/s.** Im Alltag gebräuchlicher ist die Einheit Kilometer pro Stunde (km/h). Wichtig ist der Umrechnungsfaktor zwischen beiden Einheiten. Er beträgt 3,6.

$$1\frac{km}{h} = \frac{1.000\ m}{3.600\ s} = \frac{1}{3,6}\frac{m}{s}$$

Beispiel: 50 km/h ≈ 14 m/s; 10 m/s = 36 km/h.

Beschleunigte Bewegung

Ist die Geschwindigkeit nicht konstant, kann man mit den oben stehenden Rechenwegen die Durchschnittsgeschwindigkeit ermitteln, mit der sich der Körper im Zeitintervall Δt bewegt. Die **Momentangeschwindigkeit** wird durch die Ableitung der Weg-Zeit-Funktion $s_{(t)}$ nach der Zeit t berechnet:

$$v = \frac{ds}{dt} = \dot{s}$$

Bei einer beschleunigten Bewegung ändert sich die Geschwindigkeit. Die **Beschleunigung** a ist definiert als:

$$a = \frac{dv}{dt} = \ddot{s}$$

Einheit der Beschleunigung: **m/s²**.
Hinweis: Geschwindigkeit und Beschleunigung sind **vektorielle Größen.** Zur Vereinfachung der Schreibweise werden aber hier und im Folgenden die Vektorpfeile weggelassen.
Bei konstanter Beschleunigung aus dem Stillstand heraus oder im Fall negativer Beschleunigung für ein Abbremsen bis zum Stillstand ist die erreichte Endgeschwindigkeit v und der zurückgelegte Weg s:

$$v = a \cdot t$$

$$s = \frac{1}{2} \cdot a \cdot t^2$$

Beide Gleichungen lassen sich kombinieren:

$$v = a \cdot t \;\Rightarrow\; t = \frac{v}{a}$$

2 Mechanik

Das Ergebnis wird eingesetzt in:

$$s = \frac{1}{2} \cdot a \cdot t^2 \Rightarrow s = \frac{1}{2} \cdot a \cdot \frac{v^2}{a^2} \Rightarrow s = \frac{v^2}{2a}$$

Bei anderen Randbedingungen als Anfangs- bzw. Endgeschwindigkeit v_0 gelten die folgenden Formeln:

$$v = a \cdot t + v_0$$

$$s = \frac{1}{2} \cdot a \cdot t^2 + v_0 \cdot t + s_0$$

Weg, Geschwindigkeit und Beschleunigung sind durch Differentiation bzw. Integration miteinander verknüpft. Aus einer Integration ergeben sich Konstanten, die die Anfangsbedingungen beschreiben.

■ CHECK-UP

- ☐ Nennen Sie die Weg-Zeit-Funktion für eine gleichförmige und für eine beschleunigte Bewegung.
- ☐ Wie werden Geschwindigkeitsangaben in m/s und km/h ineinander umgerechnet?

Kräfte

■ Trägheitskraft

Eine Beschleunigung erfolgt nur dann, wenn eine Kraft wirkt. Diese wird definiert als:

$$F = m \cdot a$$

Die **Masse** m ist dabei der Proportionalitätsfaktor zwischen der wirkenden Kraft und der daraus resultierenden Beschleunigung. Diese Kraft kennzeichnet den „Widerstand" oder, besser ausgedrückt, die Trägheit, die der Körper dem Bestreben, seine Geschwindigkeit zu verändern entgegensetzt. Sie wird deshalb als **Trägheitskraft** bezeichnet.
Einheit der Kraft: kg·m/s². Dafür wurde die Einheit **Newton (N)** eingeführt.

$$1 N = 1 \frac{kg \cdot m}{s^2}$$

■ Gravitationskraft

Zwei Massen ziehen sich gegenseitig an. Dies beschreibt das **Gravitationsgesetz:**

$$F = \gamma \cdot \frac{M_1 \cdot M_2}{r^2}$$

- r ist der Abstand der beiden Massen M_1 und M_2.
- Die **Gravitationskonstante** $\gamma = 6{,}67 \cdot 10^{-11} \cdot m^3 kg^{-1} s^{-2}$ ist eine **Naturkonstante**.

Die Gravitationskraft nimmt proportional zum Quadrat des Abstands beider Massen ab, d. h. bei Verdopplung des Abstands sinkt die Gravitationskraft auf ein Viertel.

Setzt man in das Gravitationsgesetz die Masse der Erde, $M_E = 5{,}97 \cdot 10^{24}$ kg, und den Erdradius $r_E = 6.378$ km, ein, ergibt sich für die Massenanziehung auf einen Körper auf der Erdoberfläche

$$F = m \cdot g$$

Die Konstante g wird **Erdbeschleunigung** genannt, sie hat den Wert **g = 9,81 m/s²**. Die durch die Erdanziehung auf einen Körper wirkende Kraft wird auch **Schwerkraft, Gewichtskraft** oder einfach kurz **Gewicht** genannt.
Im Alltag werden die Begriffe Masse und Gewicht oft fälschlicherweise synonym verwendet. Die Aussage „Der Patient wiegt 95 kg, er hat Übergewicht" ist physikalisch nicht richtig. Die Masse des Patienten ist 95 kg, seine Gewichtskraft beträgt (gerundet) 950 N.

■ Reibungskraft

Bewegen sich feste Körper gegeneinander, entsteht eine Reibungskraft F_r, die der Richtung der Bewegung entgegen gerichtet ist:

$$F_r = \mu \cdot F_N$$

- F_N ist die Normalkraft, mit der der Körper senkrecht auf seine Unterlage drückt. Bei waagerechter Unterlage entspricht F_N der Gewichtskraft F_g = m·g.

- Der Reibungskoeffizient μ, auch Reibungszahl genannt, kennzeichnet die Materialeigenschaften beider Oberflächen.
- Der Wert des Reibungskoeffizienten liegt zwischen 0 und 1, d. h. $0 \leq \mu \leq 1$.

Es werden Haft- und Gleitreibung unterschieden.

Haftreibung
Mikroskopisch kleine Unebenheiten beider Oberflächen sind ineinander verzahnt und verhakt. Sie müssen voneinander „losgerissen" werden, um die Bewegung zu starten.
Dazu ist die Kraft notwendig:

$$F_r = \mu_H \cdot F_N$$

Gleitreibung
Sind die Oberflächen gegeneinander in Bewegung, muss nur noch die nun geringere Gleitreibung überwunden werden:

$$F_r = \mu_{Gl} \cdot F_N$$

Die Gleitreibungszahl μ_{Gl} ist immer kleiner als die Haftreibungszahl μ_H:

$$\mu_{Gl} < \mu_H$$

Beim Abrollen eines Rads ist die Haftreibung wirksam. Die Aufstandsfläche eines Autoreifens ist gegenüber der Straße in Ruhe, es wird beim Abrollen nur jeweils ein neues Stück Gummi auf die Straße gelegt.
Ein rollender Reifen kann höhere Brems- oder Beschleunigungskräfte übertragen als ein blockierendes oder durchdrehendes Rad.

Schiefe Ebene
An einer schiefen Ebene (→ Abb. 2.1) wird die Richtung der Reibungskraft und die Zerlegung eines Kraftvektors in seine Komponenten deutlich. Auf einer um den Winkel α gegen die horizontal geneigte Ebene wirkt eine Abtriebskraft F_a entlang der Neigungsfläche.

Durch die Reibungskraft F_r wird ein Gegenstand am Abrutschen gehindert. Die Normalkraft F_N wirkt senkrecht zur Unterlage, die Schwerkraft $F_g = m \cdot g$ nach unten.
Für die Kräftevektoren gilt:

$$F_a = F_g \cdot \sin\alpha$$

$$F_N = F_g \cdot \cos\alpha$$

Solange die Abtriebskraft die Reibungskraft nicht übersteigt, bleibt der Gegenstand in Ruhe.

$$F_r = F_a$$

$$\mu_H \cdot F_g \cdot \cos\alpha = F_g \cdot \sin\alpha$$

$$\mu_H = \frac{\sin\alpha}{\cos\alpha} = \tan\alpha$$

Wenn der Tangens des Neigungswinkels die Haftreibungszahl überschreitet, beginnt der Gegenstand zu rutschen. Er beschleunigt und wird nur durch die kleinere Gleitreibung gebremst.

Reibung in Gasen und Flüssigkeiten
In Gasen und Flüssigkeiten ist die Reibungskraft geschwindigkeitsabhängig:

$$F_r = b \cdot v^n$$

Der Koeffizient b hängt von den Eigenschaften des Mediums sowie der Oberfläche und Geometrie des bewegten Körpers ab.

Stokes-Reibung. Die Reibung in Flüssigkeiten ist bei langsamen Bewegungen proportional zur Geschwindigkeit v:

$$F_r = b \cdot v$$

Newton-Reibung. Die Reibungskraft in Luft ist, zumindest näherungsweise, proportional zum Quadrat der Geschwindigkeit:

$$F_r = b \cdot v^2$$

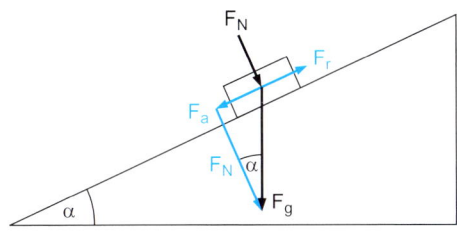

Abb. 2.1 Abtriebs- (F_a), Reibungs- (F_r), Normal- (F_N) und Schwerkraft (F_g) an der schiefen Ebene

Fällt ein Körper durch eine Flüssigkeit oder ein Gas, nimmt seine Geschwindigkeit solange zu, bis die Reibungskraft gleich der beschleunigenden Gewichtskraft ist. Dann kompensieren sich beide Kräfte und der Körper fällt weiter mit konstanter Geschwindigkeit.

■ Auftriebskraft

Ein Körper, der in eine Flüssigkeit eingetaucht ist, erfährt eine Auftriebskraft. Diese entspricht der Gewichtskraft des verdrängten Flüssigkeitsvolumens.
Das Verhältnis der Masse zum Volumen wird als **Dichte** ρ bezeichnet:

$$\rho = \frac{m}{V}$$

SI-Einheit der Dichte: kg/m^3, gebräuchlicher ist aber die Angabe in g/cm^3.
Die Dichte von Wasser beträgt $1\,g/cm^3$ bzw. $1.000\,kg/m^3$.
Das Volumen der verdrängten Flüssigkeit ist gleich dem Volumen des eingetauchten Körpers V_K. Mit der Dichte der Flüssigkeit ρ_{Fl} beträgt die Auftriebskraft:

$$F_a = \rho_{FL} \cdot V_K \cdot g$$

Im Vergleich dazu ist die Gewichtskraft eines Körpers der Dichte ρK_K:

$$F_g = \rho_K \cdot V_K \cdot g$$

Nach dem archimedischen Prinzip werden drei Fälle unterschieden:

$\rho_{Fl} < \rho_{Fl} \Rightarrow F_a < F_g \Rightarrow$ Der Körper sinkt.

$\rho_{Fl} = \rho_{Fl} \Rightarrow F_a = F_g \Rightarrow$ Der Körper schwebt in der Flüssigkeit.

$\rho_{Fl} > \rho_{Fl} \Rightarrow F_a > F_g \Rightarrow$ Der Körper schwimmt und taucht soweit in die Flüssigkeit ein, dass er ein Flüssigkeitsvolumen verdrängt, das seinem eigenen Gewicht entspricht.

Die Dichte von Flüssigkeiten kann mit einem **Aräometer** gemessen werden. Hier taucht ein Probekörper in eine Flüssigkeit ein. Die Eintauchtiefe wird auf einer Skala abgelesen, die so kalibriert ist, dass direkt die Dichte der Flüssigkeit abgelesen werden kann.

■ CHECK-UP

- ☐ Wie hängen Masse und Gewicht zusammen?
- ☐ Drücken Sie die Einheit Newton (N) durch Basisgrößen des internationalen Einheitensystems aus.
- ☐ Wovon hängt die Auftriebskraft eines Körpers ab?
- ☐ Welche Reibungskräfte kennen Sie?

Arbeit, Energie, Leistung

Die Begriffe **Arbeit** und **Energie** können synonym verwendet werden. Als Formelzeichen sind W (Work) oder E (Energy) gebräuchlich.

■ Arbeit

Die Arbeit ist definiert als das Produkt aus der aufgewendeten Kraft F und dem zurückgelegten Weg s:

$$W = \vec{F} \cdot \vec{s}$$

Es handelt sich hier um das Skalarprodukt zweier Vektoren.
Wirkt die Kraft nicht genau in der Bewegungsrichtung, wird nur die Komponente des Kraftvektors berücksichtigt, die in Richtung der Bewegung verläuft (→ Abb. 2.2).

$$W = \vec{F} \cdot \vec{s} = \left|\vec{F}\right| \cdot \left|\vec{s}\right| \cdot \cos\alpha$$

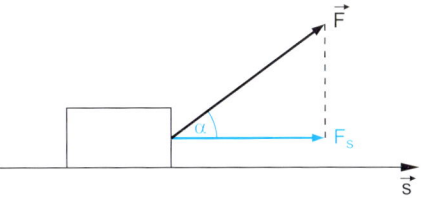

Abb. 2.2 Definition der Arbeit als Produkt der Komponente der Kraft in Richtung des Wegs und der zurückgelegten Wegstrecke

Wenn $F_s = |\vec{F}| \cdot \cos\alpha$ als Komponente der Kraft in Richtung des Wegs gesetzt wird, lässt sich unter Verzicht auf Vektorpfeile auch schreiben:

$$W = F_s \cdot s$$

Ist die Kraft nicht konstant, muss über einzelne Teilstücke summiert werden. Daraus resultiert die allgemeine, integrale Definition der Arbeit:

$$W = \int_{s_1}^{s_2} F_s \cdot ds$$

Die Integrationsgrenzen s_1 und s_2 sind Anfangs- und Endpunkt der Bewegung.
Einheit der Arbeit: Nm. Dafür wird die Einheit **Joule (J)** eingeführt: 1 Nm = 1 J.

■ Energie

Potenzielle Energie

Um einen Gegenstand im Schwerefeld (Gravitationsfeld) auf die Höhe h zu heben, muss die Gewichtskraft $F_g = m \cdot g$ aufgebracht werden. Diese Arbeit heißt **potenzielle Energie** oder **Lageenergie**. Sie beträgt:

$$W = m \cdot g \cdot h$$

Diesen Energiebetrag hat der Gegenstand nun „gespeichert". Er wird wieder freigesetzt, wenn der Gegenstand herabfällt.
Für die Lageenergie eines Körpers ist seine Höhe entscheiden – nicht die Art und Weise, wie er auf die Höhe gelangt ist.

Kinetische Energie

Ein Körper, der sich mit der Geschwindigkeit v bewegt, besitzt **kinetische Energie** oder **Bewegungsenergie**:

$$W = \frac{1}{2} \cdot m \cdot v^2$$

Die kinetische Energie eines Körpers ist proportional zu seiner Masse und proportional zum **Quadrat der Geschwindigkeit.** Eine Verdopplung der Geschwindigkeit bedeutet die 4-fache kinetische Energie.

Energieerhaltung

Die Energie ist eine **Erhaltungsgröße.** Energie kann weder „erschaffen" noch „vernichtet" werden, sie geht lediglich von einer Form in eine andere Form über. Das ist ein universelles Naturgesetz.
Fällt z. B. von einem Turm ein Stein herab, so besitzt der Stein vor dem Fall potenzielle Energie. Während des Falls nehmen die potenzielle Energie ab und die kinetische Energie zu, bis die gesamte potenzielle Energie in kinetische Energie umgewandelt ist:

$$W_{pot} = W_{kin}$$

$$m \cdot g \cdot h = \frac{1}{2} \cdot m \cdot v^2$$

Die Masse des Steins ist unerheblich, sie kürzt sich heraus.

■ Leistung

Die Leistung P ist definiert als Quotient aus Arbeit und Zeit:

$$P = \frac{\Delta W}{\Delta t}$$

Ist die Leistung nicht konstant, ergibt der so berechnete Wert die durchschnittliche Leistung im Zeitintervall Δt. Der Momentwert der Leistung wird durch Differentiation bestimmt:

$$P = \frac{dW}{dt} = \dot{W}$$

Einheit der Leistung: das **Watt (W),** 1 W = 1 J/s.

2 Mechanik

Das Produkt aus Leistung und Zeit gibt wieder die geleistete Arbeit an. So ist eine Kilowattstunde (kWh): 1 kWh = 1.000 J/s • 3.600 s = 3.600.000 J = 3,6 MJ.

Wirkungsgrad

In vielen technischen Geräten wird eine Energieform in eine andere umgewandelt. Ein Elektromotor beispielsweise nimmt elektrische Energie auf und gibt Energie in Form mechanischer Arbeit ab.

Leider geht in der Praxis immer auch Energie in nicht nutzbare Formen „verloren", wie z. B. Reibungswärme.
Das Verhältnis zwischen abgegebener und aufgenommener Leistung wird als **Wirkungsgrad** η bezeichnet:

$$\eta = \frac{P_{abgegeben}}{P_{aufgenommen}}$$

■ CHECK-UP

☐ Wie sind Arbeit, potenzielle Energie, kinetische Energie und Leistung definiert?
☐ Wie verhält sich die kinetische Energie, wenn sich die Geschwindigkeit halbiert?
☐ Wie verhält sich die potenzielle Energie, wenn sich die Höhe verdoppelt?
☐ Erklären Sie den Begriff Wirkungsgrad.

Impuls, Stoßvorgänge

■ Impuls

Der Impuls ist neben der Energie eine weitere **Erhaltungsgröße**. Der Gesamtimpuls eines Systems aus mehreren Teilchen bleibt erhalten.
Der **Impuls p** ist das Produkt aus Masse und Geschwindigkeit:

$$p = m \cdot v$$

Einheit Impuls: kg • m/s oder N • s.
Impulserhaltung spielt bei Stoßvorgängen bzw. Kollisionen eine wichtige Rolle.

■ Stoßvorgänge

Inelastischer Stoß

Zwei Körper bleiben nach dem Zusammenstoß miteinander verbunden und bewegen sich mit der gleichen Geschwindigkeit v_n gemeinsam weiter. Die Summe der Impulse vor dem Stoß ist gleich dem Gesamtimpuls nach dem Stoß:

$$m_1 \cdot v_1 + m_2 \cdot v_2 = (m_1 + m_2) \cdot v_n$$

Beim Zusammenstoß geht kinetische Energie „verloren", die in andere Energieformen umgewandelt wird, z. B. bei einer bleibenden Deformation. Die **Energieerhaltung gilt** beim inelastischen Stoß daher **nicht**.

Elastischer Stoß

Nach einem elastischen Stoß trennen sich die Körper wieder, und die Geschwindigkeiten nach dem Stoßvorgang v_{1n} und v_{2n} sind im Allgemeinen verschieden. Beim elastischen Stoß bleibt die Gesamtenergie erhalten.
Aus dem Energie- und Impulserhaltungssatz lassen sich die Geschwindigkeiten nach dem elastischen Stoß berechnen:

$$v_{1n} = \frac{2 \cdot m_2 \cdot v_2 + (m_1 - m_2) \cdot v_1}{m_1 + m_2}$$

$$v_{2n} = \frac{2 \cdot m_1 \cdot v_1 + (m_2 - m_1) \cdot v_2}{m_1 + m_2}$$

Für den Sonderfall gleicher Massen $m_1 = m_2$ vereinfacht sich dieses Ergebnis zu:
$v_{1n} = v_2$ und $v_{2n} = v_1$.
Die beiden Körper „tauschen" ihre Geschwindigkeiten.

Kraftstoß

Ein Körper wird unter dem Einfluss einer äußeren Kraft beschleunigt. Damit ändert sich auch sein Impuls:

$$F = m \cdot a = m \cdot \frac{\Delta v}{\Delta t} = \frac{\Delta(m \cdot v)}{\Delta t} = \frac{\Delta p}{\Delta t}$$

Wird ein kurzes Zeitintervall betrachtet, in dem die Kraft F konstant ist, ergibt die Multiplikation mit Δt:

$$F \cdot \Delta t = \Delta p$$

$F \cdot \Delta t$ wird als Kraftstoß bezeichnet.

■ CHECK-UP

☐ Worin unterscheiden sich elastische und inelastische Stoßvorgänge?

Rotationsbewegung

Eine Rotation kann auf verschiedene Arten physikalisch dargestellt werden, mit
- der **Bahngeschwindigkeit** v, mit der sich der Körper entlang seiner Bahn bewegt,
- der **Winkelgeschwindigkeit** ω, die den pro Zeitintervall überstrichenen Winkel angibt (→ Abb. 2.3), oder mit
- der **Frequenz f,** d. h. die Anzahl der Umläufe pro Sekunde.

Winkelgeschwindigkeit
Die Winkelgeschwindigkeit ω ist definiert als:

$$\omega = \frac{d\alpha}{dt} = \dot{\alpha}$$

Der Winkel wird in Radiant als dimensionslose Zahl angegeben.
Einheit der Winkelgeschwindigkeit: s^{-1}.
Die Winkelgeschwindigkeit ist eine vektorielle Größe. Ihre Richtung lässt sich einfach mit der „Rechten-Hand-Regel" bestimmen: weisen die Finger der rechten Hand in die Richtung der Drehung, zeigt der abgespreizte Daumen in die Richtung von $\vec{\omega}$.
Zwischen Bahn- und Winkelgeschwindigkeit besteht der Zusammenhang:

$$v = \omega \cdot r$$

Frequenz
Die Frequenz f einer Rotation gibt die Anzahl der Umläufe pro Sekunde an.
Einheit Frequenz: **Hertz (Hz),** $1\,Hz = 1\,s^{-1}$.
Zwischen der Frequenz und der für einen Umlauf benötigten Zeit T besteht der Zusammenhang:

$$f = \frac{1}{T}$$

Winkelgeschwindigkeit. Da bei jedem Umlauf der Winkel 2π überstrichen wird, ist die Winkelgeschwindigkeit:

$$\omega = 2 \cdot \pi \cdot f = \frac{2 \cdot \pi}{T}$$

Die Winkelgeschwindigkeit ω wird auch als **Kreisfrequenz** bezeichnet.

> $1\,Hz = 1\,s^{-1}$
> Die Einheit der Frequenz ist Hertz (Hz), 1 Hz = $1\,s^{-1}$. Die Kreisfrequenz ω wird hingegen stets als s^{-1} angegeben.

Winkelbeschleunigung. Für eine Änderung der Winkelgeschwindigkeit lässt sich die Winkelbeschleunigung definieren:

$$a_a = \frac{d\omega}{dt} = \ddot{\alpha}$$

Einheit: $rad \cdot s^{-2}$.

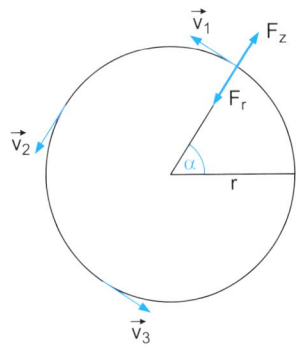

Abb. 2.3 Kreisbewegung

2 Mechanik

Zentripetal- und Zentrifugalkraft
Eine Kreisbewegung ist immer eine beschleunigte Bewegung. Dabei treten Kräfte auf.

> Die **Zentripetalkraft** wirkt zum Kreismittelpunkt hin. Sie hält den Körper auf der Kreisbahn.
> Ein Beobachter, der sich auf der Kreisbahn bewegt, spürt die **Zentrifugalkraft**. Sie wirkt radial nach außen.

Zentripetal- und Zentrifugalkraft haben auf einer stabilen Kreisbahn den gleichen Betrag

$$|\vec{F}_z| = |\vec{F}_r|.$$

Die Zentrifugal- bzw. Zentripetalkraft ist:

$$F_z = m \cdot \frac{v^2}{r}$$

Mit $v = \omega \cdot r$ kann dies auch mithilfe der Winkelgeschwindigkeit ausgedrückt werden:

$$F_z = m \cdot \omega^2 \cdot r$$

Die Zentrifugal- bzw. Zentripetalkraft hängen ab:
- **linear** vom Radius der Kreisbahn,
- **linear** von der Masse,
- **quadratisch** von der Bahn- bzw. Winkelgeschwindigkeit.

→ Abbildung 2.3 zeigt mit $\vec{v}_1$, $\vec{v}_2$ und $\vec{v}_3$ der Vektor der Bahngeschwindigkeit zu verschiedenen Zeitpunkten. Sein Betrag ist konstant, er ändert jedoch ständig seine Richtung.
Es wirkt die **Zentrifugalbeschleunigung**:

$$a_z = \frac{v^2}{r} = \omega^2 \cdot r$$

Zentrifugalbeschleunigungen werden oft in Vielfachen der Erdbeschleunigung g ausgedrückt, z. B. „… die Probe wird mit 1.000 g zentrifugiert."

Drehmoment
Eine Kraft, die an einem Hebelarm angreift, übt ein Drehmoment aus.

$$\vec{M} = \vec{r} \times \vec{F}$$

Das Drehmoment M ist hängt ab von der Kraft F, der Länge des Hebelarms r und dem Winkel α zwischen beiden:

$$|\vec{M}| = |\vec{r}| \cdot |\vec{F}| \cdot \sin \alpha$$

Einheit Drehmoment: **Newtonmeter (Nm)**.
Hinweis: Anders als bei der Arbeit wird beim Drehmoment nicht auf 1 Nm = 1 J gesetzt, sondern in Nm angegeben.

> ### Hebelgesetz
> Ein drehbar aufgehängter Körper befindet sich im Gleichgewicht, wenn kein resultierendes Drehmoment wirkt. Die Summe der am Drehpunkt angreifenden Drehmomente ist dann gleich Null.

Bei einer Balkenwaage greifen links und rechts des Drehpunkts Kräfte an. Sie bildet einen **zweiarmigen Hebel**.
Beispiele für **einarmige Hebel** finden sich in der Biomechanik des menschlichen Skeletts. Hier greifen die Kräfte nur auf einer Seite des Drehpunkts an und wirken in verschiedene Richtungen.

Schwerpunkt
Der Schwerpunkt eines Körpers ist der Punkt, bezüglich dem sich die Drehmomente aller Masseteilchen ausgleichen.
Der Schwerpunkt liegt bei einem regelmäßigen Körper mit uniformer Dichte in seinem Symmetriezentrum.

Gleichgewicht. Ein Körper befindet sich im Gleichgewicht, wenn der Unterstützungspunkt **unterhalb** seines Schwerpunkts liegt. Es werden drei Arten des Gleichgewichts unterschieden:
- **stabiles** Gleichgewicht: Bei einer Lageänderung wird der Schwerpunkt angehoben. Es entsteht ein Drehmoment, das den Körper wieder in seine Ausgangsposition zurückbringt.
- **instabiles** Gleichgewicht: Bei einer Lageänderung wird der Schwerpunkt abgesenkt. Das entstehende Drehmoment entfernt den Körper weiter aus seiner Ruhelage.
- **indifferentes** Gleichgewicht: Die Schwerpunktlage bleibt bei Lageänderung unverändert. Nach einer Postionsänderung befindet sich der Körper erneut im Gleichgewicht.

Rotationsenergie, Trägheitsmoment
In der Rotation eines Körpers ist Bewegungsenergie gespeichert. Diese **Rotationsenergie** ist gegeben durch:

$$E_{rot} = \frac{1}{2} J \cdot \omega^2$$

Tab. 2.1 Translations- und Rotationsbewegung

Translationsbewegung		Rotationsbewegung	
Größe	Einheit	Größe	Einheit
Geschwindigkeit	v	Winkelgeschwindigkeit	ω
Beschleunigung	a	Winkelbeschleunigung	a_α
Masse	m	Trägheitsmoment	J
Kraft	F	Drehmoment	M
Impuls	$p = m \cdot v$	Drehimpuls	$l = J \cdot \omega$
Kinetische Energie	$E_{kin} = \frac{1}{2} \cdot m \cdot v^2$	Rotationsenergie	$E_{rot} = \frac{1}{2} \cdot J \cdot \omega^2$

Dabei ist J das **Trägheitsmoment** des Körpers. Einheit Trägheitsmoment: kg·m².
Ein ausgedehnter Körper ist aus kleinen Teilmassen m_i zusammengesetzt. Für jedes dieser Masseteilchen geht seine Masse und das Quadrat des Abstands r_i zur Drehachse in das Trägheitsmoment ein. Die einzelnen Beiträge lassen sich summieren zu:

$$J = \sum m_i \cdot r_i^2$$

Drehimpuls
Jeder rotierende Körper besitzt einen Drehimpuls:

$$\vec{l} = J \cdot \vec{\omega}$$

Der Drehimpuls ist ein Vektor, der in die gleiche Richtung wie die Winkelgeschwindigkeit $\vec{\omega}$ zeigt. Der Drehimpuls ist genau wie auch der lineare Impuls eine **Erhaltungsgröße.**
Einheit Drehimpuls: kg·m²·s⁻¹.
→ Tabelle 2.1 führt die einander entsprechenden Größen für Translations- und Rotationsbewegung auf.

> ■ **CHECK-UP**
> ☐ Worin unterscheiden sich Zentrifugal- und Zentripetalkraft?
> ☐ Wie hängen Bahn- und Winkelgeschwindigkeit zusammen?
> ☐ Was versteht man unter den Begriffen Drehmoment, Trägheitsmoment und Drehimpuls?

Druck

■ Definition und Einheiten

Der Druck ist definiert als eine auf die Oberfläche einwirkende Kraft F bezogen auf die Größe der Fläche A:

$$P = \frac{F}{A}$$

SI-Einheit des Drucks: das **Pascal (Pa)**, 1 Pa = 1 N/m².

In der Technik werden Drücke in **bar** oder in Vielfachen des **Atmosphärendrucks (atm)** angegeben:

$$1 \text{ bar} = 1 \text{ atm} \stackrel{\wedge}{=} 1 \frac{\text{kg}}{\text{cm}^2} \stackrel{\wedge}{\approx} \frac{10 \text{N}}{10^{-4} \text{m}^2} = 10^5 \text{ Pa} = 100 \text{ kPa}$$

Da hier die unterschiedlichen Größen Kraft und Masse einander gegenüber stehen, wird nicht das Gleichheitszeichen verwendet, sondern $\stackrel{\wedge}{=}$ für „entspricht" oder bei der gerundeten Angabe $\stackrel{\wedge}{\approx}$ für „entspricht ungefähr".

2 Mechanik

1 kg entspricht 9,81 N und der normale Luftdruck in Meereshöhe beträgt
1,013 bar = 1.013 mBar.

1 mbar = 1 hPa.

Der Druck wurde früher mit einem Quecksilbermanometer, d. h., einem mit Quecksilber gefüllten, U-förmigen Rohr gemessen. Für den Druck in Millimeter Quecksilbersäule (mmHg) wurde auch die Einheit Torr verwendet, 1 Torr = 1 mmHg. In der Medizin wir der Blutdruck in mmHg angegeben.

Für die **Umrechnung** von Torr (mmHg) in Millibar bzw. Pascal gilt:
1 mmHg = 1,33 mbar = 1,33 hPa

■ Schweredruck in Flüssigkeiten

Beim Eintauchen in eine Flüssigkeit nimmt wegen des Gewichts der darüberliegenden Flüssigkeitsschicht der Druck zu. Dieser Schweredruck wird als **hydrostatischer Druck** bezeichnet. Die Druckzunahme erfolgt mit wachsender Eintauchtiefe linear mit einem Bar pro 10 m Wassertiefe:

$$P = 1\,\text{bar} \cdot \frac{\text{Wassertiefe}}{10\,\text{m}}$$

Der hydrostatische Druck hängt nur von der Eintauchtiefe ab, nicht von der Form des Gefäßes (→ Abb. 2.4). Diese Regel erscheint auf den ersten Blick nicht selbstverständlich und wird deshalb als **hydrostatisches Paradoxon** bezeichnet.

■ Kolbendruck

Ein Kolben (→ Abb. 2.5), auf den die Kraft F_1 wirkt, erzeugt in der Flüssigkeit den Druck:

$$P = \frac{F_1}{A_1}$$

Innerhalb der Flüssigkeit herrscht überall der gleiche Druck. Damit wirkt auf den rechten Kolben die Kraft

$$F_2 = P \cdot A_2 = F_1 \cdot \frac{A_2}{A_1}$$

Wird der linke Kolben nach unten gedrückt, bewegt sich der rechte Kolben um eine Strecke nach oben, die um das Verhältnis A_1/A_2 kleiner ist. Kraft kann so nicht nur übertragen, sondern auch verstärkt werden. Die Übersetzung verändert nur den Betrag der wirkenden Kraft. Die Arbeit, d. h. das Produkt aus Kraft und zurückgelegtem Weg, ist auf beiden Seiten gleich.

■ Luftdruck

Die oberen Schichten der Atmosphäre drücken durch ihr Gewicht die unteren Schichten zusammen. Deshalb nimmt der Luftdruck exponentiell mit der Höhe h über dem Erdboden ab (→ Abb. 2.6). Den Druckverlauf gibt die barometrische Höhenformel an:

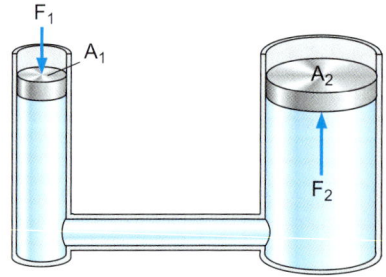

Abb. 2.5 Hydraulische Kraftübertragung

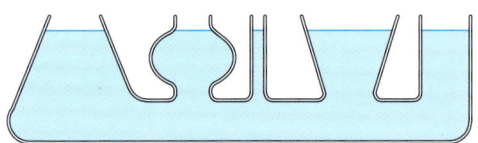

Abb. 2.4 Hydrostatisches Paradoxon, der Druck hängt nur von der Eintauchtiefe ab

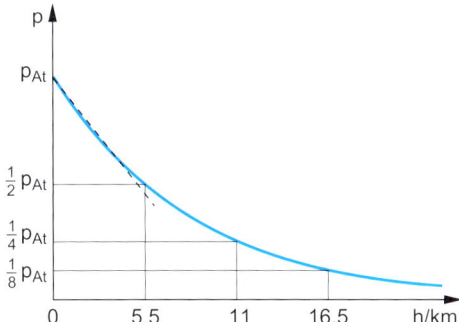

Abb. 2.6 Der Luftdruck nimmt exponentiell mit der Höhe ab. Die gestrichelte Linie zeigt eine lineare Näherung für geringe Höhen

$$P_{(h)} = P_0 \cdot e^{-\frac{\rho_0 \cdot g}{P_0} \cdot h}$$

P_0 ist der Luftdruck und ρ_0 die Dichte der Luft in Meereshöhe (1.013 hPa und 1,29 kg/m³ bei 0 °C).

Für geringere Höhen bis etwa 5.000 m kann der Luftdruck einfach abgeschätzt werden, wie an der gestrichelt eingezeichneten Linie in → Abbildung 2.6 demonstriert ist.
Der Luftdruck nimmt etwa 0,1 bar pro 1.000 Höhenmeter ab.

■ **CHECK-UP**
- ☐ Wie Rechnen Sie die Einheiten des Drucks bar, mbar, Pascal, mmHg ineinander um?
- ☐ Wie verändert sich der Luftdruck mit zunehmender Höhe?
- ☐ Wie verändert sich der hydrostatische Druck mit zunehmender Tiefe?

 ## Verformung fester Körper

■ Verformungsbereiche

Äußere Kräfte können einen festen Körper verformen. Für alle Arten der Verformung können prinzipiell die folgenden Bereiche unterschieden werden (→ Abb. 2.7):
- **elastische Verformung:** Der Körper nimmt nach dem Verschwinden der äußeren Kräfte wieder seine ursprüngliche Gestalt an.
- **plastische Verformung:** Es kommt zum „fließen" des Materials. Der Körper nimmt nach dem Wegfall der äußeren Kräfte nicht wieder seine ursprüngliche Form an, er bleibt dauerhaft verformt.
- **Reißen** oder Bruch**:** Das Material wird zerstört.

Bei vielen Stoffen besteht bei geringen Verformungen eine Proportionalität zwischen den einwirkenden Kräften und der Stärke der Verformung. Diese Linearität wird **Hooke-Gesetz** genannt.

Bei einer stärkeren Verformung ist diese Linearität meist nicht mehr gegeben. In → Abbildung 2.7 reicht der Gültigkeitsbereich des Hooke-Gesetzes bis zum Punkt R.

■ Arten der Verformung

Dehnung
Das Verhältnis einer **Zugkraft** F zur **Querschnittsfläche A** des Stabs wird als Spannung σ bezeichnet:

$$\sigma = \frac{F}{A}$$

Dadurch wird der Stab um die Strecke Δl gedehnt. Die Dehnung ε ist das Verhältnis der Längenänderung zur ursprünglichen Länge:

$$\varepsilon = \frac{\Delta l}{l}$$

2 Mechanik

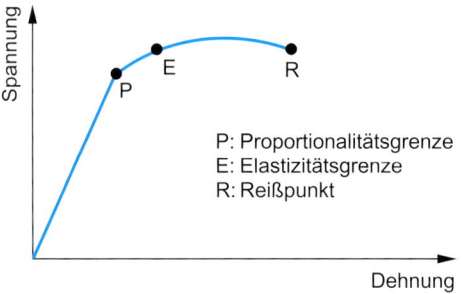

Abb. 2.7 Verformungsbereiche am Beispiel eines Spannungs-Dehnungs-Diagramms

Die Dehnung eines Materials ist stets mit einer Querkontraktion verbunden. Umgekehrt würde eine einseitige Stauchung eine Querschnittsvergrößerung zur Folge haben.
Innerhalb gewisser Grenzen sind Längs- und Querdeformation zueinander proportional.

$$\frac{\Delta A}{A} = -\mu \cdot \frac{\Delta l}{l}$$

Der Proportionalitätsfaktor µ ist eine materialabhängige Konstante, sie wird **Poisson-Zahl** oder auch **Querkontraktionsfaktor** genannt. Für geringe Verformungen ist das Verhältnis von Spannung zu Dehnung bei vielen Stoffen eine Konstante.

$$E = \frac{\sigma}{\varepsilon} = \frac{F/A}{\Delta l/l} = \frac{F \cdot l}{A \cdot \Delta l}$$

Das **Elastizitätsmodul** E oder kurz als E-Modul ist eine Materialkonstante.
Einheit des Elastizitätsmoduls: N/m².

Biegung
Eine Kraft, die senkrecht zur Längsachse eines Stabs wirkt, verursacht eine Biegung (→ Abb. 2.8). Auf der Außenseite der Krümmung wird das Material gedehnt, auf der Innenseite gestaucht. In der Mitte des Stabs befindet sich die **neutrale Faser,** sie behält ihre ursprüngliche Länge bei.

Scherung
Bei einer Scherung werden parallele Schichten eines Körpers durch eine tangential angreifende Kraft gegeneinander verschoben (→ Abb. 2.9). Die Scherspannung τ ist das Verhältnis von **Scherkraft** F und Querschnittsfläche A:

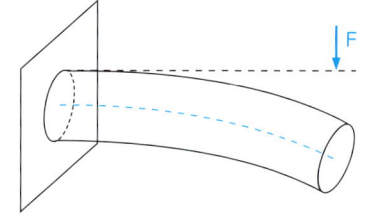

Abb. 2.8 Biegung eines Stabs, die gestrichelt gezeichnete neutrale Faser behält ihre ursprüngliche Länge

$$\tau = \frac{F}{A}$$

Und die Scherung Y ist

$$\gamma = \frac{\Delta x}{l} = \tan \alpha$$

α ist der Scherwinkel.

Schubmodul G. Auch **Torsionsmodul.** Es ist ein Maß für die Formelastizität eines Körpers und beschreibt das Verhältnis G von Scherspannung und Scherung.
Einheit: N/m².

$$G = \frac{\tau}{\gamma} = \frac{F/A}{\Delta x/l} = \frac{F \cdot l}{A \cdot \Delta x} = \frac{F}{A \cdot \tan \alpha}$$

Torsion
Eine Torsion (Verdrillung) erfolgt, wenn ein Stab an einem Ende fixiert ist und am anderen Ende ein Drehmoment ausgeübt wird. Parallele Querschnitte werden gegeneinander verdreht.

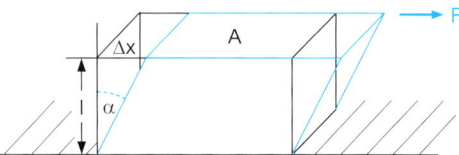

Abb. 2.9 Scherung eines Körpers

Zwischen dem Drehmoment M = F·r und dem Torsionswinkel φ besteht folgender Zusammenhang:

$$M = \frac{\pi \cdot G \cdot r^4}{2 \cdot l} \cdot \varphi$$

Darin ist G das Torsions- bzw. Schubmodul.

Kompression
Durch einen allseitig wirkenden Druck ändert sich das Volumen eines Körpers.

$$P = K \cdot \frac{\Delta V}{V}$$

Kompressionsmodul K. Auch Volumenelastizitätsmodul.
- Einheit: N/m².
- Der Kehrwert des Kompressionsmoduls 1/K heißt **Kompressibilität** κ.
- **Flüssigkeiten** in sehr guter Näherung gelten als nicht komprimierbar.

Dehnung einer Feder
Bei der Dehnung oder beim Zusammendrücken einer Feder ist die Längenänderung x der auf die Feder wirkenden Kraft F proportional. Im linearen elastischen Bereich der Verformung gilt das **Hooke-Gesetz:**

$$F = D \cdot x$$

Die **Federkonstante** D gibt die Härte der Feder an; Einheit: N/m.

Spannenergie. Die in einer gespannten Feder gespeicherte Energie beträgt

$$W = \frac{1}{2} \cdot D \cdot x^2$$

Viskoelastizität
Viskoelastische Stoffe ähneln in ihrer Struktur eher einer zähen Flüssigkeit als einem kristallinen Festkörper. Die Moleküle sind gegeneinander verschiebbar. Dabei treten geschwindigkeitsabhängige Reibungskräfte auf.
Die Deformation ist **zeitabhängig.**
Nach dem Anlegen äußerer Kräfte erreicht ein Körper den Endwert seiner Verformung exponentiell nach einer für das Material typischen **Relaxationszeit** τ (tau). Die Spannungsrelaxation wird beschrieben durch:

$$\sigma_{(t)} = \sigma_0 \cdot e^{-\frac{t}{\tau}}$$

σ_0 ist die konstante Ausgangsspannung und τ die Zeit, nach der sich die Spannung um den Faktor $e^{-1} = 0{,}37$ reduziert hat.

■ CHECK-UP
- ☐ Beschreiben Sie die Bereiche einer Verformung.
- ☐ Welche Arten der Verformung kennen Sie?
- ☐ Was sagt das Hooke-Gesetz? Wann gilt es?

Kräfte an Grenzflächen

Oberflächenspannung
Die Moleküle einer Flüssigkeit ziehen sich gegenseitig an. Auf ein Molekül an der Flüssigkeitsoberfläche wirkt eine resultierende Kraft, die es in Richtung des Flüssigkeitsinneren zieht.

2 Mechanik

Eine Flüssigkeit hat daher stets das Bestreben, eine möglichst kleine Oberfläche zu bilden. Soll die Oberfläche der Flüssigkeit vergrößert werden, muss gegen diese Anziehungskraft Arbeit verrichtet werden.
Die Oberflächenspannung σ, auch Grenzflächenspannung genannt, ist der Quotient aus der aufwandten Arbeit W und der erzielten Oberflächenvergrößerung A. Sie nimmt mit steigender Temperatur ab.
Einheit: N/m.

$$\sigma = \frac{W}{A}$$

Oberflächenaktive Substanzen. Einige Stoffe wie zum Beispiel Seifen, Tenside in Waschmitteln oder Lipoproteine können die Oberflächenspannung einer Flüssigkeit deutlich herabsetzen. Sie sind meist als langkettige Moleküle aufgebaut, die an einem Ende eine polare Gruppe tragen.
- Der polare Teil tritt in Kontakt mit den Wassermolekülen. Er verhält sich **hydrophil** bzw. **lipophob**.
- Der langkettige apolare Teil zeigt das Verhalten eines wasserunlöslichen Stoffs, dieses wird **hydrophob** bzw. **lipophil** genannt.

An der Wasseroberfläche bildet sich ein Film. Die polaren Teile zeigen ins Flüssigkeitsinnere, die apolaren Ketten nach außen.
Oberflächenaktive Stoffe bilden im Inneren der Flüssigkeit **Mizellen,** kleinste kugelförmige Gebilde, an deren Wand die hydrophilen Molekülenden nach außen zeigen und die lipophilen Teile nach innen.

Kapillarwirkung
An der Grenzfläche zwischen einer Flüssigkeit und einem Festkörper werden zwei Kräfte unterschieden:
- **Kohäsionskraft:** die Kraft zwischen gleichartigen Molekülen, z. B. den Molekülen der Flüssigkeit.
- **Adhäsionskraft:** die Kraft zwischen verschiedenartigen Molekülen, d. h. zwischen den Molekülen der Flüssigkeit und des Festkörpers.

Sind die Adhäsionskräfte größer als die Kohäsionskräfte, ist es für die Flüssigkeit energetisch günstiger, die Kontaktfläche zum Festkörper zu vergrößern. Es tritt **Kapillaraszension** auf, in einem dünnen Rohr steigt die Flüssigkeit nach oben.

■ CHECK-UP
- ☐ Was bedeuten die Begriffe lipophil/lipophob bzw. hydrophil/hydrophob und wie hängen sie mit einem polaren bzw. apolaren Aufbau eines Moleküls zusammen?
- ☐ Warum tritt bei Wasser eine Kapillaraszension auf?

Strömung von Flüssigkeiten und Gasen

■ Definition

Für bewegte Flüssigkeiten und Gase lässt sich die **Volumenstromstärke** I als das pro Zeitintervall transportierte Volumen V definieren:

$$I = \frac{\Delta V}{\Delta t}$$

SI-Einheit der Volumenstromstärke: m³/s. Gebräuchlich sind aber die Vielfachen dieser Einheit, z. B. Liter/min.

■ Kontinuitätsbedingung

Die Volumenstromstärke lässt sich durch den Rohrquerschnitt A und die Strömungsgeschwindigkeit V = ds/dt ausdrücken:

$$\frac{dV}{dt} = \frac{d(A \cdot s)}{dt} = \frac{A \cdot ds}{dt} = A \cdot v$$

Da Flüssigkeit nicht komprimiert werden kann, ist die Volumenstromstärke **konstant.**
An jeder Stelle eines Rohrs muss durch den Querschnitt in der gleichen Zeit das gleiche Volumen transportiert werden. Damit ergibt sich bei einer Veränderung des Rohrquerschnitts (→ Abb. 2.10) die Kontinuitätsbedingung:

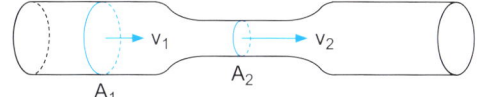

Abb. 2.10 Kontinuität der Volumenstromstärke

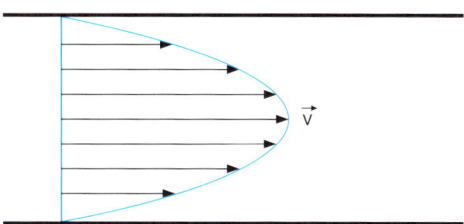

Abb. 2.11 Laminare Strömung

$$A_1 \cdot v_1 = A_2 \cdot v_2$$

An der Engstelle eines Rohrs nimmt die Strömungsgeschwindigkeit des Mediums zu.

Obwohl Gase komprimiert werden können, zeigen sie – zumindest solange die Strömungsgeschwindigkeit klein gegen die Schallgeschwindigkeit in dem betreffenden Gas ist – das gleiche Verhalten.

■ Bernoulli-Gleichung

An der Engstelle eines Rohrs ändert sich auch der Druck innerhalb des strömenden Mediums. Wenn die Teilchengeschwindigkeit an einer Rohrverengung zunimmt, steigt die kinetische Energie der Teilchen. Die innere Energie des Mediums und damit sein Druck muss entsprechend abnehmen, damit die Gesamtenergie konstant bleibt und der Energiesatz nicht verletzt wird.

$$\frac{1}{2} \cdot m \cdot v_1^2 + P_1 \cdot V = \frac{1}{2} \cdot m \cdot v_2^2 + P_2 \cdot V = const.$$

Division durch das Volumen ergibt die **Bernoulli-Gleichung:**

$$\frac{1}{2} \cdot \rho \cdot v_1^2 + P_1 = \frac{1}{2} \cdot \rho \cdot v_2^2 + P_2 = const.$$

Die Division von Masse durch Volumen ergibt die Dichte ρ.

Venturi-Effekt: Bei Zunahme der Strömungsgeschwindigkeit fällt der Druck.

Die Bernoulli-Gleichung lässt sich auch schreiben als:

$$\frac{1}{2} \cdot \rho \cdot v^2 + P = P_{ges}$$

Der Ausdruck

$$\frac{1}{2} \cdot \rho \cdot v^2$$

wird als **dynamischer Druck** oder als **Staudruck** bezeichnet; P heißt **statischer Druck.** Die Summe aus beiden ergibt den **Gesamtdruck.**

■ Strömungswiderstand

Bewegungsenergie geht durch innere Reibung verloren. Die Reibung in Flüssigkeiten und Gasen ist geschwindigkeitsabhängig.

Laminare Strömung
Bei einer laminaren Strömung verhält sich das bewegte Medium, als sei es aus einzelnen Schichten aufgebaut, die aneinander vorbeigleiten ohne sich zu durchmischen.
Jede Schicht darf eine bestimmte Geschwindigkeitsdifferenz zur benachbarten Schicht nicht überschreiten. Es entsteht ein typisches Geschwindigkeitsprofil (→ Abb. 2.11).
Die am Rand liegende Flüssigkeitsschicht kann nur eine geringe Geschwindigkeit erreichen. In der Mitte ist die Strömungsgeschwindigkeit am größten.

Strömungswiderstand R. Wegen des Energieverlusts durch Reibung nimmt der Druck entlang des Rohrs kontinuierlich ab. Zwischen den Enden eines Rohrs besteht eine Druckdifferenz ΔP.

2 Mechanik

Die Volumenstromstärke I ist zu dem Druckunterschied ΔP proportional. Damit folgt für den Strömungswiderstand R:

$$R = \frac{\Delta P}{I}$$

Dieser Zusammenhang wird wie in der Elektrizitätslehre als **Ohm-Gesetz** bezeichnet.

Leitwert L. Der Leitwert L eines Rohrs ist der Kehrwert des Widerstands, L = 1/R.

Gesetz von Hagen-Poiseuille. Mithilfe dieses Gesetzes lässt sich der Strömungswiderstand für eine laminare Strömung in einem zylindrischen Rohr mit dem Durchmesser r und der Länge l ermitteln.

$$R = \frac{8 \cdot \eta \cdot l}{\pi \cdot r^4}$$

Besonders zu beachten ist die Abhängigkeit von der vierten Potenz des Radius. Ändert sich der Radius um den Faktor 2, so verändert sich der Strömungswiderstand um den Faktor 16.

Dynamische Viskosität. Die dynamische Viskosität η (eta) ist ein Maß für die „Zähigkeit" eines Mediums. Sie nimmt mit steigender Temperatur ab.
SI-Einheit: Pa·s.

Fluidität. Die Fluidität ist der Kehrwert der Viskosität, ihre Einheit ist (Pa·s)$^{-1}$. Umgangssprachlich könnte man sie mit „Fließfähigkeit" übersetzen.

Der Strömungswiderstand eines zylindrischen Rohrs hängt von verschiedenen Faktoren ab:
- **linear** von der Rohrlänge,
- **linear** von der Viskosität der Flüssigkeit,
- mit der **vierten Potenz** vom Radius
- und wegen $A \sim r^2$ **quadratisch** von der Querschnittsfläche.

Im Gesetz von Hagen-Poiseuille ist die Viskosität eine Konstante, die unabhängig von Druck und Strömungsgeschwindigkeit ist. Eine Flüssigkeit, auf die diese Voraussetzungen zutreffen, wird **Newton-Flüssigkeit** genannt.

Das Gesetz von Hagen-Poiseuille gilt nur für laminare Strömungen Newton-Flüssigkeiten durch ein starres Rohr (r = const.).

Für kleine Änderungen des Radius kann die Näherung

$$(1 \pm x)^n \approx 1 \pm n \cdot x$$

angewandt werden.
Beispiel:

$$(1 + 0{,}05)^4 \approx 1 + 4 \cdot 0{,}05 = 1 + 0{,}2 = 1{,}2$$

Bei einer Änderung des Radius um 5 % ändert sich der Strömungswiderstand um etwa 20 %.

Turbulente Strömung
Wenn die Schichten des strömenden Mediums nicht mehr störungsfrei aneinander vorbeigleiten, bilden sich Wirbel. Es entsteht eine **turbulente Strömung**. Turbulenzen erhöhen den Strömungswiderstand. Die Volumenstromstärke einer turbulenten Strömung ist bei gleicher Druckdifferenz immer geringer als die einer laminaren Strömung.

Reynolds-Zahl Re. Sie gibt einen Hinweis auf den Strömungszustand. Die Reynolds-Zahl Re ist eine **dimensionslose Zahl** und beträgt für ein gerades zylindrisches Rohr der Länge l:

$$Re = \frac{l \cdot v \cdot \rho}{\eta}$$

v ist die mittlere Geschwindigkeit der Strömung.

Kinematische Viskosität. Für den Quotienten aus der dynamischen Viskosität und der Dichte des Mediums wird die kinematische Viskosität ν eingeführt.
Einheit: m^2/s.

$$\nu = \frac{\eta}{\rho}$$

Die Reynolds-Zahl kann nun ausgedrückt werden als:

$$Re = \frac{l \cdot v}{\nu}$$

Der **Übergang** von einer laminaren zu einer turbulenten Strömung erfolgt bei einer nur experimentell bestimmbaren kritischen Reynolds-Zahl $Re_{krit.}$.
Für Reynolds-Zahlen Re < 1.000 kann aber stets von einer laminaren Strömung ausgegangen werden.

■ Kirchhoff-Gesetze

Eine Strömung durch ein Netzwerk verzweigter Röhren bzw. Kapillaren kann mithilfe der **Kirchhoff-Gesetze** analysiert werden.

Knotenregel
Die Summe der in eine Verzweigung ein- und ausfließenden Ströme ist gleich Null.

$$\sum_i I_i = 0$$

Dies ist eine Kontinuitätsbedingung. Jedes Teilchen, das in eine Verzeigung hineinfließt, muss diese auch wieder verlassen.

Maschenregel
In einem geschlossen Umlauf addieren sich die Druckgefälle zu Null.

$$\sum_i \Delta P_i = 0$$

Die Richtung des Umlaufs ist beliebig. Wird etwa durch eine Pumpe Druck erzeugt, so wird dieser Beitrag als negativ gezählt.

In gleicher Weise lassen sich die Kirchhoff-Regeln auch auf den elektrischen Stromkreis anwenden. Wie in der Elektrizitätslehre bei der Schaltung von Widerständen kann auch bei Reihen- und Parallelschaltung mehrerer Kapillaren der Strömungswiderstand berechnet werden.

Reihenschaltung (Serienschaltung, Hintereinanderschaltung)
Die Widerstände der einzelnen Kapillaren addieren sich.

$$R_{ges.} = R_1 + R_2 + R_3 + \ldots$$

Parallelschaltung
Es addieren sich die Leitwerte der Kapillaren.

$$L_{ges.} = L_1 + L_2 + L_3 + \ldots$$

Werden anstelle der Leitwerte die Widerstände eingesetzt, folgt:

$$\frac{1}{R_{ges.}} = \frac{1}{R_1} + \frac{1}{R_2} + \frac{1}{R_3} + \ldots$$

■ CHECK-UP
- ☐ Was kennzeichnet eine laminare und was eine turbulente Strömung?
- ☐ Wie ändern sich Strömungsgeschwindigkeit und Druck an einer Engstelle?
- ☐ Was gibt die Reynolds-Zahl an?
- ☐ Was beschreibt das Gesetz von Hagen-Poiseuille?
- ☐ Wie verändert sich der Strömungswiderstand einer Kapillare bei einer Änderung der Länge, des Durchmessers, der Querschnittsfläche der Kapillare oder der Viskosität der Flüssigkeit?

Und jetzt üben mit den wichtigsten IMPP-Fragen:
http://www.mediscript-online.de/Fragen/Wenisch_Kap02
(Anleitung zum Einloggen s. Buchdeckel-Innenseite).

3 Struktur der Materie

- Aufbau von Atomen und Atomkernen 31
- Festkörper, Flüssigkeiten, Gase 33

Aufbau von Atomen und Atomkernen

■ Das Atom

Das **Atom** – vom griechischem atomos für „das Unteilbare" – besteht aus weiteren noch kleineren Teilchen, den Elementarteilchen.
Diese **Elementarteilchen** sind **Neutronen, Protonen** und **Elektronen** (→ Tab. 3.1).
- Protonen und Neutronen heißen **Nukleonen**, denn sie bilden den Kern (Nukleus) des Atoms. Die Elektronen bewegen sich um den Kern herum und bilden die Elektronenhülle des Atoms.
- Proton und Neutron haben ungefähr die gleiche Masse. Sie sind etwa 2.000-mal schwerer als das Elektron ($m_p/m_e = 1.836$). Daher ist nahezu die gesamte Masse des Atoms in seinem Kern konzentriert.
- Protonen und Elektronen sind elektrisch geladen. Sie tragen die Elementarladung $e = 1{,}6 \cdot 10^{-19}$ Coulomb (C). Dies ist der kleinste mögliche Betrag einer elektrischen Ladung.
- Die Elektronenhülle ist wesentlich größer als der Atomkern. Die Durchmesser der Atomkerne liegen im Bereich von Femtometern (10^{-15} m), während typische Atomdurchmesser in der Größenordnung von 10^{-10} m liegen, d. h. das Atom besteht zum größten Teil aus leerem Raum.

Tab. 3.1 Bausteine des Atoms

	Ladung/C	Masse/kg
Elektron	$-1{,}6 \cdot 10^{-19}$	$9{,}1 \cdot 10^{-31}$
Proton	$+1{,}6 \cdot 10^{-19}$	$1{,}67 \cdot 10^{-27}$
Neutron	0	$1{,}67 \cdot 10^{-27}$

■ Elemente und Isotope

Heute sind über 110 chemische Elemente bekannt. Diese sind aus Atomen aufgebaut. Atome können sich zu **Molekülen** verbinden, die wiederum die kleinsten Bestandteile einer chemischen Verbindung sind.

Element
Die Zahl der Protonen legt das jeweilige chemische Element fest.
Die **Ordnungszahl** im Periodensystem der Chemie entspricht der **Protonenzahl** der Atome des Elements.
Die Masse des Atoms ergibt sich aus der Zahl der Nukleonen, also der Protonen und Neutronen. Die **Nukleonenzahl** heißt deshalb auch **Massenzahl**.
Ein durch Ordnungszahl und Nukleonenzahl spezifizierter Kern heißt **Nuklid**. Die Schreibweise dafür:

$$^{\text{Nukleonenzahl}}_{\text{Protonenzahl}} \text{Elementsymbol}$$

Beispiele: $^{14}_{6}\text{C}$, $^{16}_{8}\text{O}$
Weil das Element schon durch das zugehörige Elementsymbol beschrieben wird, kann die Angabe der Ordnungszahl entfallen:

$$^{\text{Nukleonenzahl}} \text{Elementsymbol}$$

Beispiele: ^{14}C, ^{16}O

Isotop
Isotope eines Elements sind Nuklide mit gleicher Protonen- aber unterschiedlicher Neutronenzahl. Wasserstoff beispielsweise hat drei Isotope:
^{1}H – Wasserstoff, ^{2}H – Deuterium (schwerer

3 Struktur der Materie

Wasserstoff) und ^{3}H – Tritium (überschwerer Wasserstoff).
Die Isotope eines Elements haben die gleichen chemischen Eigenschaften und sind deshalb im Periodensystem auch am gleichen Ort zusammengefasst. Sie unterscheiden sich jedoch in ihren physikalischen Eigenschaften.

Masse
Die Masse der Atome wird häufig als relative Atommasse in Vielfachen der Einheit u (unit) angegeben. 1 u ist definiert als 1/12 der Masse des Kohlenstoff-12-isotops. Alle natürlichen Elemente sind Isotopengemische. Die Massenzahlen des Periodensystems geben die durchschnittliche Masse des Gemischs an.
Die **Avogadro-Zahl** (auch: Avogadro-Konstante) verbindet die relative Masse eines Stoffs mit seiner molare Masse. Ein Mol eines Stoffes enthält **6,022·10^{23} Teilchen**. Die Molmasse des Stoffs, angegeben in Gramm, besitzt den gleichen Zahlenwert wie die relative Masse eines Atoms bzw. Moleküls dieses Stoffes in u.
Die Masse eines Atoms ist kleiner als die Summe der Massen seiner Elementarteilchen. Dieser **Massendefekt** wird nach

$$E = m \cdot c^2$$

(E: Energie, c: Lichtgeschwindigkeit) in die Bindungsenergie des Atoms umgewandelt.

■ Die Elektronenhülle

Im Bohr-Atommodell bewegt sich ein Elektron bei Energieaufnahme von einer inneren auf eine weiter außen gelegene Schale. Das Elektron kann aber nur bestimmte, sogenannte diskrete Energiezustände einnehmen. Die Elektronen „springen" von einer Bahn auf eine andere. Bei Energieabgabe „fällt" das Elektron von einer äußeren auf eine innere Bahn.
Detailliertere Modelle zeigen, dass sich das Elektron in allen drei Dimensionen bewegen kann.

Sein Aufenthaltsort liegt auf einer Schale um den Atomkern.
Die Elektronenhülle ist aus mehreren Schalen aufgebaut, jede hat Plätze für mehrere Elektronen. Die einzelnen Plätze entsprechen etwas unterschiedlichen Energiezuständen des Elektrons.

Pauli-Prinzip: Zwei Elektronen können nicht den gleichen Energiezustand haben, d. h., sie können nicht den gleichen Bindungsplatz in der Elektronenhülle einnehmen.

Die Elektronen besetzen deshalb zuerst die innerste Schale, dann nacheinander die äußeren Schalen.
An chemischen Bindungen zwischen Atomen nehmen nur die Elektronen auf der äußeren Schale teil. Sie heißen **Valenzelektronen**.

Edelgas. Ein energetisch besonders günstiger Zustand ist die sogenannte **Edelgaskonfiguration,** wenn die äußere Schale mit acht Elektronen besetzt ist.
Eine Ausnahme bildet die erste Schale, die nur Plätze für zwei Elektronen besitzt. Helium hat mit zwei Elektronen seine äußere Schale bereits abgeschlossen und gehört damit zu den Edelgasen.
Das Atom besitzt in der Hülle die gleiche Anzahl von Elektronen wie Protonen in seinem Kern. Daher ist das Atom nach außen hin elektrisch neutral.

Ion. Das Atom kann aber Elektronen abgeben oder zusätzliche Elektronen aufnehmen. Es ist dann nicht mehr elektrisch neutral und wird als Ion bezeichnet.
Die **Ionisierungsenergie** eines Atoms ist der Energiebetrag, der notwendig ist, um ein Elektron aus dem Atom zu entfernen.

■ CHECK-UP

- ☐ Erklären Sie die Begriffe Atom, Nuklid, Isotop und Ion.
- ☐ Aus welchen Teilchen ist ein Atom aufgebaut?
- ☐ Was sind Valenzelektronen?

Festkörper, Flüssigkeiten, Gase

Materie kann makroskopisch als Festkörper, Flüssigkeit oder Gas erscheinen. Fest, flüssig oder gasförmig ist der **Aggregatzustand** eines Stoffs.
Der Aggregatzustand wird auch als **Phase** eines Stoffs bezeichnet. Allerdings ist der Begriff der Phase umfassender: sie bezeichnet den Bereich, in dem sich die Stoffeigenschaften nicht sprunghaft ändern. Beispielsweise bilden Wasser und Öl zwei flüssige, voneinander getrennte Phasen.

■ Festkörper

- Festkörper nehmen eine definierte äußere Form ein. In einem kristallinen Festkörper sind die einzelnen Bausteine (Atome oder Moleküle) in einer **regelmäßigen Gitterstruktur** angeordnet.
- Die meisten Festkörper sind **polykristallin**, d. h. sie bestehen aus vielen kleinen Kristallen.
- Die Bausteine eines Festkörpers sind durch zwischenmolekulare Bindungen in ihrer Lage fixiert und nicht gegeneinander verschiebbar. Die Teilchen können jedoch Schwingungen um ihre Ruhelage ausführen.

■ Flüssigkeit

- In einer Flüssigkeit wirken zwischenmolekulare Kräfte, die die Moleküle zu einem Verband zusammenhalten. Die Moleküle sind jedoch **gegeneinander verschiebbar**.
- Flüssigkeiten passen sich der Form eines äußeren Behältnisses an. In der Schwerelosigkeit würde sich eine Flüssigkeit aufgrund der Oberflächenspannung zur Kugelform zusammenziehen.

■ Gas

- Gase füllen jeden ihnen zur Verfügung stehenden Raum aus. Die Gasmoleküle können sich unabhängig voneinander **frei bewegen.**
- Die Dichte von Gasen ist unter Normalbedingungen (1.013 hPa, 0 °C) etwa 1.000-mal geringer als die von Flüssigkeiten.
- Zwischenmolekulare Wechselwirkungen haben nur geringe Bedeutung. Beim **idealen Gas** werden zwischenmolekulare Kräfte und der Raum, den die Gasmoleküle selbst einnehmen, als völlig vernachlässigbar betrachtet.
- Bei Temperaturerhöhung nimmt die kinetische Energie der Gasmoleküle zu.
- Der **Gasdruck** auf die Gefäßwand entsteht durch die Summe der Stöße der Gasmoleküle gegen die Wand des Behälters.

■ CHECK-UP

- ☐ Erklären Sie die Begriffe Aggregatzustand und Phase.
- ☐ Welche speziellen Eigenschaften kennzeichnen jeweils Festkörper, Flüssigkeiten und Gase?

Und jetzt üben mit den wichtigsten IMPP-Fragen:
http://www.mediscript-online.de/Fragen/Wenisch_Kap03
(Anleitung zum Einloggen s. Buchdeckel-Innenseite).

4 Wärmelehre

- Temperatur 35
- Temperaturabhängige Stoffeigenschaften 36
- Wärme, Wärmekapazität 36
- Thermodynamische Systeme 37
- Gaszustand 38
- Änderung des Aggregatzustands 40
- Wärmetransport 41
- Stoffgemische 42

Temperatur

Wärme ist eine Form von Energie. Die **Temperatur** ist eine makroskopisch erfassbare Größe, die mit der mittleren kinetische Energie der molekularen Bausteine eines Körpers verknüpft ist.

■ Temperaturskalen

Wichtige Temperaturskalen sind die Celsius- und die Kelvin-Skala.

Celsius-Skala
Die Fixpunkte der Celsius-Skala sind die Temperatur des schmelzenden Eises mit 0 °C und der Siedepunkt des Wassers bei 100 °C, jeweils gemessen bei normalem Atmosphärendruck von 1.013 hPa.
Bei Temperaturangaben in Celsius wird das Grad-Zeichen (°) verwendet, gesprochen: Grad Celsius.

Kelvin-Skala
Den Nullpunkt der Kelvin-Skala bildet die tiefste physikalisch mögliche Temperatur, der absolute Nullpunkt bei −273 °C (gerundet; exakt: −273,15 °C). Dies ist ein universeller, von der Natur vorgegebener Fixpunkt.

Die Temperaturangabe in Kelvin erfolgt ohne Grad-Zeichen; gesprochen: Kelvin.
Die in Kelvin angegebene Temperatur wird auch als **thermodynamische Temperatur** bezeichnet, sie ist eine **Basisgröße** im internationalen Einheitensystem.

Umrechnung
Die Celsius- und die Kelvin-Skala sind in gleiche Intervalle geteilt und lediglich gegeneinander verschoben. Für die Umrechnung von Grad Celsius in Kelvin gilt

$$T/K = T/°C + 273$$

und umgekehrt

$$T/°C = T/K - 273$$

Bei Berechnungen müssen die Temperaturen in Kelvin eingesetzt werden.
Eine Ausnahme kann bei der Angabe von Temperaturdifferenzen gemacht werden, denn es ergeben sich für Differenzen auf der Celsius- und der Kelvin-Skala die gleichen Zahlenwerte. Beispiel:

$$\Delta T = 39\ °C - 37\ °C = 312\ K - 310\ K = 2\ K$$

■ CHECK-UP
☐ Welche Temperaturskalen kennen Sie?

4 Wärmelehre

Temperaturabhängige Stoffeigenschaften

Zur Temperaturbestimmung sind prinzipiell solche Stoffeigenschaften geeignet, die sich abhängig von der Temperatur ändern.

Längenausdehnung
Ein fester Körper der Länge l_0 dehnt sich bei einer Temperaturerhöhung um ΔT aus um:

$$\Delta l = \alpha \cdot l_0 \cdot \Delta T$$

Anstelle des Zuwachses kann auch die neue Länge des Körpers angegeben werden:

$$l = l_0 + \Delta l = l_0 \cdot (1 + \alpha \cdot \Delta T)$$

α ist der Längenausdehnungskoeffizient oder lineare Ausdehnungskoeffizient. Seine Einheit ist K^{-1}.

Volumenausdehnung
Die Längenausdehnung erfolgt in alle drei Raumrichtungen. Deshalb vergrößert sich bei Temperaturerhöhung um ΔT das Volumen um ΔV:

$$\Delta V = \gamma \cdot V_0 \cdot \Delta T$$

γ ist der Volumenausdehnungskoeffizient. Seine Einheit ist ebenfalls K^{-1}.

Gasdruck
Der Druck eines idealen Gases ist proportional zur Temperatur. Theoretisch würde der Druck bei Abkühlung bis zum absoluten Nullpunkt auf 0 abfallen. In der Praxis kondensiert Gas aber schon vorher zu einer Flüssigkeit.

Elektrischer Widerstand
Der elektrische Widerstand eines Materials ändert sich mit der Temperatur. Bei den meisten Metallen **erhöht** sich der elektrische Widerstand mit zunehmender Temperatur.
Der Widerstand von Halbleitern, wie z. B. Germanium und Silizium, nimmt mit steigender Temperatur ab.

Kontaktspannung
An der Verbindungsstelle verschiedener Metalle entsteht eine elektrische Spannung. Diese Kontaktspannung ist temperaturabhängig.

■ CHECK-UP
☐ Wie ändert sich der elektrische Widerstand von Metallen mit steigender Temperatur?

Wärme, Wärmekapazität

Wärmekapazität
Eine Temperaturänderung ΔT ist proportional zur Änderung der Wärmeenergie ΔT des Körpers

$$\Delta Q = C \cdot \Delta T$$

C ist die **Wärmekapazität** des Körpers. Die für eine bestimmte Temperaturerhöhung erforderliche Wärmeenergie ist abhängig von der Menge des Materials und von spezifischen Materialeigenschaften. Diese Faktoren können separiert werden:

$$\Delta Q = c \cdot m \cdot \Delta T$$

Dabei ist c die **spezifische Wärmekapazität** oder kurz spezifische Wärme. Sie ist eine materialspezifische Größe. Ihre Einheit: $J \cdot kg^{-1} \cdot K^{-1}$.

Wärmemenge Q. Historisch ist es üblich, Q als Formelzeichen für die Wärmemenge zu verwenden. Es könnten aber auch die Formelzeichen W oder E benutzt werden.
Einheit der Wärmemenge: die **Kalorie (cal).** 1 cal ist die Wärmemenge die notwendig ist, die Temperatur von 1 g Wasser um 1 °C zu erhöhen.

$$1\,\text{cal} = 4{,}184\,\text{J} \approx 4{,}2\,\text{J}$$

Der Umrechnungsfaktor entspricht der spezifischen Wärmekapazität des Wassers, diese beträgt $4{,}184\,kJ \cdot kg^{-1} \cdot K^{-1}$ bzw. (gerundet) $4{,}2\,J \cdot g^{-1} \cdot K^{-1}$.

Kalorimetrie. Bei der Kalorimetrie wird eine Wärmemenge bestimmt, indem die Temperaturerhöhung eines Körpers mit bekannter Wärmekapazität gemessen wird.

In der Chemie wird so die bei einer Reaktion freigesetzte Energie gemessen. Dort werden stoffspezifische Kenngrößen auf die Stoffmenge in **Mol** bezogen. Die Wärmekapazität heißt deshalb auch **molare Wärmekapazität** oder kurz **Molwärme**; Einheit: $J \cdot g^{-1} \cdot K^{-1}$.

Spezifische Wärmekapazität

Die spezifische Wärme wird, abhängig von der Art der Erwärmung, unterschieden in:
- **C$_p$, spezifische Wärmekapazität bei konstantem Druck:** hier wird zusätzlich Arbeit gegen intermolekulare Bindungskräfte geleistet.
- **Cv, spezifische Wärmekapazität bei konstantem Volumen:** Die gesamte zugeführte Wärme dient allein der Erhöhung der kinetischen Energie der Moleküle.

Daher gilt stets: $c_p > c_v$.
Bei Festkörpern und Flüssigkeiten ist der Unterschied zwischen c_p und c_v vernachlässbar gering. Bei Gasen muss diese Unterscheidung jedoch berücksichtigt werden.
Der Quotient

$$\gamma = \frac{c_p}{c_v}$$

ist der **Adiabatenexponent** eines Stoffs.
Für Luft gilt beispielsweise: $c_p/c_v = 1{,}4$.

- ☐ Erklären Sie die Begriffe „spezifische Wärme" und „Molwärme".

Thermodynamische Systeme

Es werden drei Arten von thermodynamischen Systemen unterschieden:
- **Offene Systeme** können mit der Umwelt sowohl Materie als auch Energie austauschen.
- In einem **geschlossenen System** ist kein Stoffaustausch mit der Umgebung möglich. Es kann aber Wärmeenergie an die Umwelt abgegeben oder von dort aufgenommen werden.
- Ein **abgeschlossenes** oder **isoliertes System** kann weder Materie noch Energie mit seiner Umgebung austauschen. Es ist thermisch von seiner Umgebung isoliert.

Erster Hauptsatz der Wärmelehre

Der erste Hauptsatz der Thermodynamik macht eine Aussage über die Energieerhaltung. Er formuliert die Äquivalenz von Wärme und mechanischer Arbeit.
Die innere Energie U eines Systems kann durch die Zufuhr von Wärmeenergie Q oder die Verrichtung mechanischer Arbeit W erhöht werden:

$$dU = dQ + dW$$

Definitionsgemäß wird die dem System zugeführte Energie positiv, die vom System abgegebene Energie negativ gerechnet.
Ein Prozess, bei dem das System keine Wärmeenergie mit der Umgebung austauscht, (dQ = 0) heißt **adiabatisch**.

Bei einem abgeschlossenen System findet überhaupt kein Energieaustausch mit seiner Umgebung statt → aus der Energieerhaltung folgt: Die innere Energie eines abgeschlossenen Systems ist konstant.

Zweiter Hauptsatz der Wärmelehre

Der zweite Hauptsatz der Thermodynamik gibt die Richtung vor, in die ein Prozess in einem abgeschlossenen System ablaufen kann.
Die Umwandlung in Wärme ist irreversibel, d. h. nicht umkehrbar. Es existieren offensichtlich Energieformen „unterschiedlicher Wertigkeit". Energie, die in die „niedere Energieform" Wärme transformiert wurde, kann niemals vollständig zurückgewonnen werden. Zur mathematischen Beschreibung wird für diesen Vorgang die **Entropie** S eingeführt.
Bei thermodynamischen Prozessen ist die **Entropieänderung** von Interesse. Die Entropie wird deshalb differenziell wie folgt angegeben:

$$dS = \frac{dQ}{T}$$

Anschaulich lässt sich die Entropie als der Ordnungsgrad eines Systems verstehen.
- Bei einem **reversiblen Vorgang** ändert sich die Entropie nicht (dS = 0). Er ist stets im Gleichgewicht und verläuft „quasi statisch".

4 Wärmelehre

- **Irreversible Prozesse** können spontan ablaufen, die Entropie nimmt dabei stets zu (dS>0).

> ■ **CHECK-UP**
>
> ☐ Welche Austausche mit der Umgebung können jeweils in einem offenen, geschlossenen oder abgeschlossenen thermodynamischen System stattfinden?

Gaszustand

■ Kinetische Gastheorie

Die Geschwindigkeit der Moleküle eines Gases nimmt mit steigender Temperatur zu. Dennoch haben die einzelnen Moleküle zufällig auftretende, unterschiedliche Geschwindigkeiten. Ihre Geschwindigkeitsverteilung, d. h. die Häufigkeit, mit der bestimmte Geschwindigkeiten auftreten, wird durch die **Maxwell-Boltzmann-Verteilung** beschrieben.

Die mittlere kinetische Energie der Moleküle ist proportional zur Temperatur.

$$E = \frac{1}{2} \cdot m \cdot v_m^2 = \frac{1}{2} \cdot f \cdot k \cdot T$$

Boltzmann-Konstante: $k = 1{,}38 \cdot 10^{-23}\ \text{J} \cdot \text{K}^{-1}$.
f ist die Anzahl der Freiheitsgrade der Bewegung.
Die Translationsbewegung der Teilchen eines einatomigen Gases besitzt drei Freiheitsgrade, sie können sich in alle drei Raumrichtungen bewegen.
Die mittlere Energie eines Gasmoleküls ist daher

$$E = \frac{3}{2} \cdot k \cdot T$$

Für zweiatomige Moleküle, wie z. B. H_2, N_2 oder O_2, kommen noch zwei Freiheitsgrade der Rotation hinzu:

$$E = \frac{5}{2} \cdot k \cdot T$$

Multiplikation mit der Avogadro-Konstanten N_A ergibt die kinetische Energie in einem Mol eines Gases

$$E = \frac{1}{2} \cdot f \cdot k \cdot N_A \cdot T = \frac{1}{2} \cdot f \cdot R \cdot T$$

Die **universelle Gaskonstante** lautet $R = k \cdot N_a$ und beträgt $8{,}31\ \text{J} \cdot \text{mol}^{-1} \cdot \text{K}^{-1}$.

■ Ideale Gase

Ein Gas wird durch seine **Zustandsgrößen** Druck P, Volumen V und Temperatur T beschrieben.

Für ideale Gase gilt die Zustandsgleichung
$$P \cdot V = n \cdot R \cdot T$$
Darin ist n die Stoffmenge in Mol.

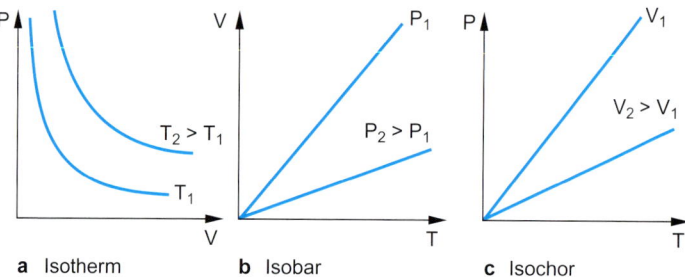

Abb. 4.1 Isotherme, Isobare und Isochore eines idealen Gases

Das System ist durch zwei dieser Zustandsgrößen hinreichend beschrieben. Die dritte nimmt den im idealen Gasgesetz berechenbaren Wert ein.
Spezielle Zustandsänderungen, in denen jeweils der Wert einer Größe konstant gehalten wird, zeigt → Abbildung 4.1.

Isotherme (T = const.)
Gesetz von Boyle und Mariotte: Bei konstanter Temperatur ist das Produkt aus Druck und Volumen eines Gases konstant.

$$P \cdot V = const.$$

Im PV-Diagramm sind die Isothermen Hyperbeln.

Isobare (P = const.)
Das Volumen eines Gases nimmt bei Erwärmung proportional zur Temperatur zu.
Die Zustandsgleichungen werden für beide Temperaturen aufgestellt:

$$\frac{P \cdot V_1}{P \cdot V_2} = \frac{n \cdot R \cdot T_1}{n \cdot R \cdot T_2}$$

Bei der Division kürzen sich P, n und R.
→ **1. Gesetz von Gay-Lussac:** $\frac{V_1}{V_2} = \frac{T_1}{T_2}$

Die Isobaren sind Geraden im VT-Diagramm.

Isochore (V = const.)
Temperaturerhöhung bei konstantem Volumen führt zu einer proportionalen Steigerung des Drucks.
→ **2. Gesetz von Gay-Lussac:** $\frac{P_1}{P_2} = \frac{T_1}{T_2}$

Die Isochoren sind Geraden im PT-Diagramm.

Reale Gase

Das reale Gas wird durch die **Van-der-Waals-Gleichung** beschrieben:

$$\left(P + \frac{a \cdot n^2}{V^2}\right) \cdot (V - n \cdot b) = n \cdot R \cdot T$$

Die Wechselwirkungen zwischen den Gasteilchen und dem Raum, den die Moleküle selbst einnehmen, können bei realen Gasen nicht mehr vernachlässigt werden. a und b sind stoffspezifische Werte für das jeweilige Gas.

Grenzfälle. Für großes Volumen bzw. geringe Dichte werden die Terme $\frac{a \cdot n^2}{V^2}$ und n·b immer kleiner und die Van-der-Waals-Gleichung geht in die Zustandsgleichung des idealen Gases über. Komprimierte Luft und andere Atemgase verhalten sich bei Drücken bis zu 200 bar wie ideale Gase.

Gasgemische

Gesetz von Dalton: In einem Gasgemisch setzt sich der Gesamtdruck additiv aus den Partialdrücken der einzelnen Komponenten zusammen. Das Verhältnis des Partialdrucks P_i einer Gaskomponente zum Gesamtdruck P ist gleich dem Stoffmengenanteil dieser Komponente (→ Tab. 4.1).

$$\frac{P_i}{P} = \frac{n_i}{n}$$

n_i ist Molzahl der Gaskomponente, n die Molzahl des gesamten Gemischs.

Inertgase. Stickstoff und Edelgase werden als Inertgase (inert = träge) bezeichnet, da sie unter Normaldruck nicht an Stoffwechselreaktionen teilnehmen.

Normbedingungen

Physikalische Normbedingungen
STPD:
- **S**tandart **T**emperature (0 °C),
- **P**ressure (normaler Luftdruck P = 1013,25 mbar),
- **D**ry (trockene Luft).

Ein Mol eines idealen Gases nimmt unter diesen Bedingungen das Volumen von 22,414 Litern ein.

Normbedingungen in der Atemphysiologie
BTPS:
- **B**ody **T**emperature (Körpertemperatur von 37 °C),

Tab. 4.1 Zusammensetzung der Luft und Partialdrücke (Angaben für trockene Luft, gerundet)

	Volumenanteil in %	Pi/bar
Stickstoff	78	0,78
Sauerstoff	21	0,21
Edelgase	1	0,01
CO_2	0,03	0,0003
Gesamt	100	1,00

4 Wärmelehre

- **P**ressure (aktueller Luftdruck),
- **S**aturated (wasserdampfgesättigte Luft).
$(P_{H_2O} = 62{,}8\,mbar)$.

ATPS:
- **A**mbient **T**emperature (aktuell herrschende Raumtemperatur, z. B. T = 20 °C),
- **P**ressure (aktuell herrschender Luftdruck),
- **S**aturated (wasserdampfgesättigte Luft).
$(P_{H_2O} = 23{,}4\,mbar)$.

■ CHECK-UP
☐ Was unterscheidet ein ideales von einem realen Gas?
☐ Was besagt das Gesetz von Boyle und Mariotte?

Änderung des Aggregatzustands

■ Phasendiagramm

Die gebräuchlichen Bezeichnungen für die Änderung des Aggregatzustands sind in → Tabelle 4.2 aufgeführt.
Am **Tripelpunkt** stehen alle drei Phasen eines Stoffs miteinander im Gleichgewicht. Dort herrscht eine stabile Koexistenz von Festkörper (Eis), Flüssigkeit und Gas (Dampf). Für Wasser liegt der Tripelpunkt bei 273,16 K (0,01 °C) und 6,105 hPa.
Die Kurven des Phasendiagramms in → Abbildung 4.2 kennzeichnen das Gleichgewicht bei einem Phasenübergang:
- TC: die Dampfdruckkurve oder **Verdampfungskurve**. Dampf und Flüssigkeit sind im Gleichgewicht.
- AT: die **Sublimationskurve**. Bei niedrigen Drücken geht ein Stoff direkt von der festen in die Gasphase über.
- TB: die **Schmelzkurve**. Wasser zeigt eine Anomalie: anders als bei den meisten anderen Substanzen nimmt die Schmelztemperatur bei Druckerhöhung ab.

■ Phasengleichgewicht

- Bei einer Umwandlung stehen zwei Phasen miteinander im Gleichgewicht.
- Über einer Flüssigkeit bildet sich eine Gasphase. Dabei verlassen ebenso viele Moleküle die Flüssigkeit wie Moleküle eintreten.
- Erreicht der Dampfdruck einer Flüssigkeit den äußeren Luftdruck, bilden sich auch im Inneren der Flüssigkeit Gasblasen. Die Flüssigkeit beginnt zu sieden.
- Jede Phasenumwandlung erfordert Energie. Man spricht von der **Umwandlungswärme** und je nach Vorgang von **Schmelzwärme, Verdampfungswärme** oder **Sublimationswärme**. Dabei muss Arbeit gegen Kohäsionskräfte verrichtet werden. Beim Kondensieren, Erstarren oder Resublimieren wird diese Bindungsenergie wieder frei.

Luftfeuchtigkeit
Luftfeuchtigkeit ist der von der Atmosphärenluft aufgenommene Wasserdampf.
- Luft kann Wasserdampf aufnehmen, bis der Partialdruck genauso hoch ist wie der Dampfdruck des Wassers. Dann ist die Luft gesättigt. Man spricht dann von der **maximalen Luftfeuchtigkeit** f_{max}.
- Sinkt nun die Temperatur, so kondensiert der Dampf. Bei Temperaturen unterhalb des Gefrierpunkts bilden sich Eiskristalle.
- Die Luftfeuchtigkeit kann als **absolute Luftfeuchtigkeit** f_{abs} angegeben werden, als Wasserdampfpartialdruck oder als Stoffmenge pro Volumeneinheit in g/m³.

Tab. 4.2 Aggregatzustände

Ausgangszustand	Endzustand	Vorgang
fest	⇒ flüssig	**schmelzen**
flüssig	⇒ fest	**erstarren, gefrieren**
flüssig	⇒ gasförmig	**verdampfen**
gasförmig	⇒ flüssig	**kondensieren**
fest	⇒ gasförmig	**sublimieren**
gasförmig	⇒ fest	**resublimieren** (auch: sublimieren, kondensieren)

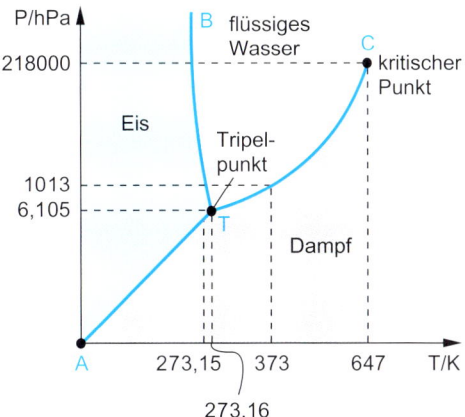

Abb. 4.2 Phasendiagramm des Wassers

- Bei der **relativen Luftfeuchtigkeit** f_{rel} wird der Absolutwert in Relation zum Maximalwert bei der jeweiligen Temperatur gesetzt.

$$f_{rel} = \frac{f_{abs}}{f_{max}}$$

Die Angabe erfolgt meist in Prozent.

CHECK-UP

☐ Was ist ein Phasendiagramm?

 Wärmetransport

Wärme wird durch Wärmeleitung, Konvektion oder Strahlung übertragen.

Wärmeleitung

Die Energie wird innerhalb eines Festkörpers durch Stöße von einem Molekül zum nächsten übertragen. So findet ein Temperaturausgleich statt.
Metalle besitzen eine hohe Wärmeleitfähigkeit. Die Wärmeleitfähigkeit von Gasen ist dagegen gering.

Konvektion

Ein Wärmetransport durch Konvektion findet in Flüssigkeiten und Gasen statt. Erwärmte Flüssigkeit bzw. Gas steigt auf und wird durch nachströmendes Kälteres ersetzt.
Die Konvektion ist stets mit der Bewegung eines Gases oder einer Flüssigkeit verbunden.

Strahlung

Jeder Körper gibt auch Wärmeenergie in Form elektromagnetischer Strahlung ab.
Ein idealisiertes Modell ist der sogenannte **schwarzer Körper,** der sämtliche elektromagnetische Strahlung unabhängig von der Wellenlänge absorbiert. Seine Strahlungseigenschaften können theoretisch berechnet werden.

Die **Strahlungsleistung** P, d. h. die Energie, die er pro Sekunde und Quadratmeter seiner Oberfläche abstrahlt, beschreibt das **Gesetz von Stefan Boltzmann.**

$$P = \sigma \cdot T^4$$

$\sigma = 5{,}67 \cdot 10^{-8}$ W·m^{-2}·K^{-4} ist die Stefan-Boltzmann-Konstante.
Man beachte die Abhängigkeit zur **4. Potenz** der Temperatur.
Bei sehr hohen Temperaturen ist der Wärmetransport durch Strahlung der dominierende Effekt.

4 Wärmelehre

■ CHECK-UP
- ☐ Welche Wärmetransportphänomene kennen Sie?
- ☐ Um welchen Prozentsatz steigt die Strahlungsleistung eines schwarzen Körpers, wenn seine Temperatur um 3 % erhöht wird?

Stoffgemische

■ Gas – Flüssigkeit

Gesetz von Henry Dalton: Die Stoffmenge eines in einer Flüssigkeit gelösten Gases ist proportional zum Partialdruck des Gases über der Flüssigkeitsoberfläche

$$n = c \cdot P$$

C ist eine von der Temperatur und Art des Gases abhängige Proportionalitätskonstante.
Mit steigender Temperatur nimmt die Menge des gelösten Gases ab.

■ Festkörper – Flüssigkeit

- Die Konzentration einer Lösung wird als Massenkonzentration in g/l oder als Stoffmengenkonzentration in mol/l angegeben.
- Die Stoffmengenkonzentration heißt auch **Molarität** der Lösung.
- Auch eine Konzentrationsangabe in Prozent ist verbreitet, dies ist die Masse des gelösten Stoffs in Gramm pro 100 g Lösungsmittel. Bei wässrigen Lösungen entsprechen 100 g des Lösungsmittels auch 100 ml.
- Durch Ionenbindungen gebildete Moleküle **dissoziieren** in wässriger Lösung. Die Moleküle zerfallen in negativ geladene Anionen und positive Kationen. Eine solche Dissoziation tritt bei allen Salzen auf.
- Die Ionen sind von Wassermolekülen umlagert. Bei einer Bewegung durch die Lösung nehmen die Ionen diese **Hydrathülle** mit.
- Weil die in der Flüssigkeit gelösten Teilchen eine zusätzliche Anziehungskraft auf die Moleküle der Flüssigkeit ausüben, ist der Dampfdruck der Lösung gegenüber dem reinen Lösungsmittel erniedrigt.

- Aus der Verschiebung der Dampfdruckkurve resultiert eine **Siedepunkterhöhung** und **Gefrierpunkterniedrigung**.

■ Transportphänomene

Konzentrationsunterschiede in einer Lösung tendieren immer dazu, sich auszugleichen.

Diffusion
- Gelöste Partikel verteilen sich durch thermische Bewegung in einer Lösung (→ Abb. 4.3a).
- Dabei verteilt sich der gelöste Stoff entlang des Konzentrationsgefälles vom Ort hoher zum Ort niedriger Konzentration → das Konzentrationsgefälle nimmt mit der Zeit ab.
- Ist die Konzentration ausgeglichen, kommt der Diffusionsstrom zum Erliegen.
- Ein Stoff kann auch durch eine Membran hindurch diffundieren. Die Durchlässigkeit einer Membran für einen bestimmten Stoff wird als **Permeabilität** bezeichnet.

Osmose
- Bei der Osmose sind zwei Kompartimente eines Systems durch eine semipermeable Membran getrennt (→ Abb. 4.3b). Für die Moleküle des Lösungsmittels ist diese Membran durchlässig, nicht aber für die Teilchen des gelösten Stoffs.
- Ein Konzentrationsausgleich findet statt, indem das Lösungsmittel vom Bereich niedriger Konzentration durch die Membran in den Bereich höherer Konzentration diffundiert.
- Dort entsteht im Bereich der Lösung ein Überdruck ΔP, der einen weiteren Zustrom des Lösungsmittels verhindert.

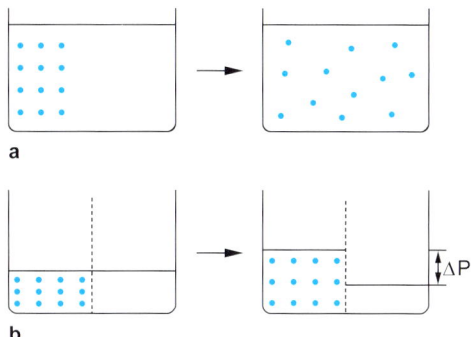

Abb. 4.3 Konzentrationsausgleich durch Diffusion (a) und Osmose (b)

- Es stellt sich der osmotische Druck P_{osm} ein. Dieser ist nach dem **Gesetz von Van't Hoff** $P_{osm} \cdot V = n_I \cdot R \cdot T$. Dabei ist V das Volumen der Lösung, n_I die Stoffmenge des gelösten Stoffs, R die Gaskonstante und T die Temperatur.

Der **osmotische Druck** ist abhängig vom Konzentrationsunterschied der gelösten Teilchen, nicht aber von der Art des Lösungsmittels oder der gelösten Substanz. Stoffeigenschaften spielen nur soweit eine Rolle, als dass das Dissoziationsverhalten berücksichtigt werden muss. So dissoziiert Kochsalz in wässriger Lösung in Na^+ und Cl^- und erzeugt daher den doppelten osmotischen Druck, als wenn es in Form von NaCl vorläge.

■ CHECK-UP

- ☐ Wie hängt die Löslichkeit von Gasen und die von Feststoffen von der Temperatur ab?
- ☐ Beschreiben Sie die Vorgänge Diffusion und Osmose.

Und jetzt üben mit den wichtigsten IMPP-Fragen:
http://www.mediscript-online.de/Fragen/Wenisch_Kap04
(Anleitung zum Einloggen s. Buchdeckel-Innenseite).

5 Elektrizitätslehre

- Ladung, elektrisches Feld... 45
- Elektrisches Potenzial, elektrische Spannung 46
- Materie im elektrischen Feld 47
- Elektrischer Strom... 48
- Ohm-Gesetz, Ohm-Widerstand 49
- Elektrische Leistung 50
- Messung von Strom, Spannung und Widerstand.............. 50
- Elektrische Kapazität 52
- Elektrizitätsleitung 53
- Elektrische Spannungen an Grenzflächen, Diffusionsspannungen 54
- Magnetische Größen 55
- Wechselspannung, Wechselstrom 57

Ladung, elektrisches Feld

Ladung
- Bei Elektronenüberschuss ist ein Körper negativ geladen, bei Elektronenmangel positiv.
- Einheit: **Coulomb (C)**.
- Der kleinste mögliche Betrag einer elektrischen Ladung ist die Elementarladung $1{,}6 \cdot 10^{-19}$ C.
- Ladungen mit ungleichem Vorzeichen ziehen sich an, solche mit gleichem Vorzeichen stoßen sich ab.
- Das **Coulomb-Gesetz** gibt die elektrostatischen Kräfte zwischen zwei Ladungen Q_1 und Q_2 im Abstand r an:

$$F = \frac{1}{4 \cdot \pi \cdot \varepsilon_0} \cdot \frac{Q_1 \cdot Q_2}{r^2}$$

- Die elektrische Feldkonstante $\varepsilon_0 = 8{,}85 \cdot 10^{-12}\ \frac{A \cdot s}{V \cdot m}$ wird auch **Dielektrizitätskonstante** genannt.

Elektrisches Feld
- Jede Ladung erzeugt ein elektrisches Feld.
- Das elektrische Feld einer Punktladung Q im Abstand r hat die Feldstärke

$$E = \frac{1}{4 \cdot \pi \cdot \varepsilon_0} \cdot \frac{Q}{r^2}$$

- Der physikalische Begriff des Felds beschreibt die Eigenschaft des Raums, eine Kraft auszuüben. In einem elektrischen Feld wirkt auf eine Ladung q die Kraft

$$\vec{F} = q \cdot \vec{E}$$

- Einheit der elektrischen Feldstärke E: Newton pro Coulomb (N/C) oder Volt pro Meter (V/m), 1 N/C = 1 V/m.

Feldrichtung. Die Richtung der Kraft, die im Feld auf eine positive Probeladung wirkt. Ist die Feldstärke an jeder Stelle des Felds gleich, spricht man von einem **homogenen Feld**. Ein

5 Elektrizitätslehre

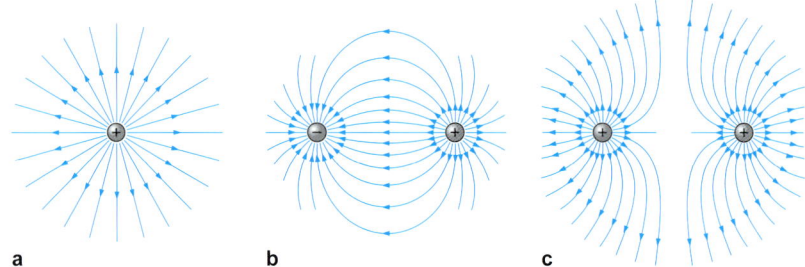

Abb. 5.1 Das elektrische Feld einer Punktladung (a), zwischen ungleichnamigen Ladungen (b) und gleichnamigen Ladungen (c)

solches homogenes Feld herrscht im Inneren eines Plattenkondensators.

Ein elektrisches Feld lässt sich anschaulich im **Feldlinienbild** darstellen (→ Abb. 5.1).

■ CHECK-UP
☐ Was ist ein elektrisches Feld?

Elektrisches Potenzial, elektrische Spannung

Elektrisches Potenzial
- Eine elektrische Ladung besitzt im elektrischen Feld eine potenzielle Energie.
- Wird als Bezugspunkt ein Punkt im Unendlichen gewählt, kann für jeden Punkt des Felds die Arbeit berechnet werden, die erforderlich ist, eine **Ladung q** aus dem Unendlichen dorthin zu bewegen. Dieser Betrag hängt noch von der Größe der Ladung q ab.
- Um davon unabhängig zu werden, wird das **elektrische Potenzial** ϕ als der Quotient aus der zuvor berechneten Arbeit W und der Ladung q definiert:

$$\varphi = \frac{W}{q} = \int_{\infty}^{r} E\, dr$$

- Damit kann jedem Punkt im elektrischen Feld ein Wert für das elektrische Potenzial zugeordnet werden.
- Einheit: **Volt (V)**, es gilt 1 J/C = 1 V.
- Die Arbeit, um die Ladung q von einem Ort 1 zu einem Ort 2 zu verschieben, kann nun durch das Potenzial ausgedrückt werden

$$W = q \cdot \varphi_2 - q \cdot \varphi_1 = q \cdot (\varphi_2 - \varphi_1)$$

Elektrische Spannung
Die Potenzialdifferenz $\phi_2 - \phi_1$ zwischen zwei Punkten wird als **elektrische Spannung U** bezeichnet. Damit wird die Arbeit im elektrischen Feld zu

$$W = q \cdot U$$

- Eine Spannung wird stets zwischen zwei Referenzpunkten bestimmt.
- Das Produkt aus Ladung und Spannung gibt den Unterschied der potenziellen Energie dieser Ladung zwischen beiden Punkten an.
- Werden im Feldlinienbild Punkte gleichen Potenzials miteinander verbunden, entstehen im dreidimensionalen Raum **Äquipotenzialflächen.**
- Die Äquipotenzialflächen stehen immer senkrecht auf den Feldlinien des elektrischen Felds. Für eine Verschiebung der Ladung auf den Äquipotenzialflächen ist dazu keine Arbeit erforderlich, denn es muss kein Potenzialunterschied überwunden werden.

■ CHECK-UP

☐ Erklären Sie die Begriffe elektrisches Potenzial und elektrische Spannung.

Materie im elektrischen Feld

■ Elektrischer Dipol

Zwei ungleichnamige Ladungen +q und −q, die sich im Abstand l voneinander befinden, bilden einen **Dipol**. Der Vektor $\vec{l}$ zeigt von der negativen zur positiven Ladung. Das elektrische **Dipolmoment** $\vec{p}$ ist dann

$$\vec{p} = q \cdot \vec{l}$$

Ein Körper mit einer asymmetrischen Ladungsverteilung besitzt ein Dipolmoment. Ein elektrisches Feld übt auf einen Dipol ein Drehmoment aus (→ Abb. 5.2).

$$\vec{M} = \vec{p} \times \vec{E} = q \cdot \vec{l} \times \vec{E}$$

■ Polarisation

Die elektrischen Ladungen eines nichtleitenden Körpers sind nicht frei beweglich. Durch ein äußeres elektrisches Feld lassen sie sich aber dennoch um einen kleinen Betrag verschieben. Dieser Vorgang wird als **Polarisation** bezeichnet, genauer, als **Verschiebungspolarisation**. Im Inneren des Köpers entsteht ein elektrisches Feld, das dem äußeren Feld entgegengerichtet ist und dieses schwächt (→ Abb. 5.3 links). Werden dagegen die permanenten Dipole eines polaren Stoffs im elektrischen Feld ausgerichtet, wird von **Orientierungspolarisation** gesprochen.

■ Influenz

In einem elektrisch leitenden Material trennt das äußere Feld die Ladungen. Dies wird **Influenz** genannt (→ Abb. 5.3 rechts).
- Die Influenzladungen ordnen sich an der Oberfläche des Leiters an.
- Zwischen den Influenzladungen bildet sich ein Feld gleicher Stärke, aber entgegengesetzter Richtung zum äußeren Feld. Weil sich

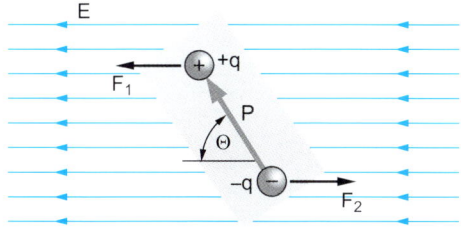

Abb. 5.2 Kräfte auf einen Dipol im elektrischen Feld

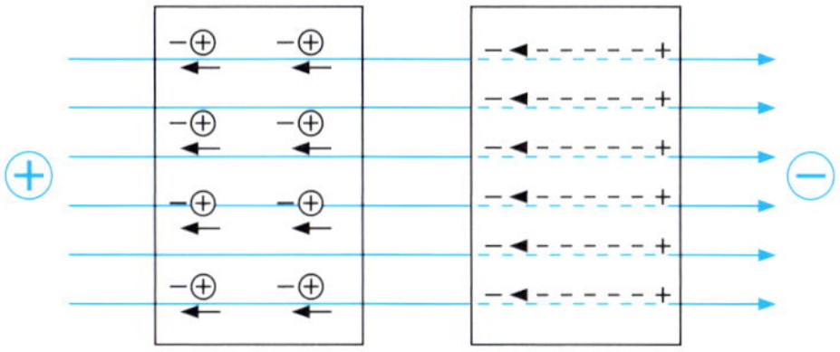

Abb. 5.3 Verschiebungspolarisation in einem Isolator (links) und Influenz in einem elektrischen Leiter (rechts). Die gestrichelt gezeichneten Felder heben sich gegenseitig auf. Das Innere des Leiters ist feldfrei

5 Elektrizitätslehre

diese Beiträge gegenseitig aufheben, ist das Innere des Leiters **feldfrei**.
- Eine äußere elektrische Ladung kann im Inneren eines leitenden Körpers kein elektrisches Feld erzeugen. Eine solche Abschirmung gegenüber elektrischen Feldern wird **Faraday-Käfig** genannt.

■ CHECK-UP
☐ Wann tritt Polarisation, wann Influenz auf?

Elektrischer Strom

■ Elektrische Stromstärke

Die elektrische Stromstärke I steht für die pro Zeiteinheit transportierte Ladung.

$$I = \frac{dQ}{dt} = \dot{Q}$$

- Einheit: **Ampere (A)**, 1 A = 1 C/s.
- Die Stromstärke ist im internationalen Einheitensystem als Basisgröße festgelegt.
- Die Ladungsträger des elektrischen Stroms in Festkörpern sind Elektronen.
- Wird der elektrische Strom durch eine senkrecht zur Bewegungsrichtung der Ladungsträger stehende Fläche A betrachtet, kann eine **Stromdichte j** definiert werden. Einheit der Stromdichte ist A/m².

$$j = \frac{I}{A} = \frac{dQ}{dt \cdot A}$$

■ Gleich- und Wechselstrom

Gleichstrom
- Bei Gleichstrom bewegen sich die Ladungsträger in eine Richtung.
- Die Gleichspannungsquelle, z. B. eine Batterie, erzeugt eine im zeitlichen Verlauf konstante Spannung.

Wechselstrom
- Wechselspannungsquellen erzeugen eine zeitlich veränderliche Spannung. Die Polarität der Spannung kehrt sich periodisch um. Damit ändert sich die Richtung des Stromflusses ebenfalls periodisch.
- Generatoren erzeugen sinusförmige Wechselspannungen.
- Die Frequenz der in Technik und Haushalt benutzten Wechselspannung beträgt 50 Hz.

■ Wirkungen des elektrischen Stroms

Thermische Wirkung
Ladungsträger verlieren bei der Bewegung durch einen Leiter kinetische Energie, die in Wärme umgewandelt wird. Die Erwärmung eines stromdurchflossenen Leiters wird auch als **Joule-Wärme** bezeichnet.
Im Vakuum verlieren Elektronen oder Ionen keine Energie durch Reibung. Wenn sie dann aber auf eine Elektrode aufprallen, wird ihre ki-

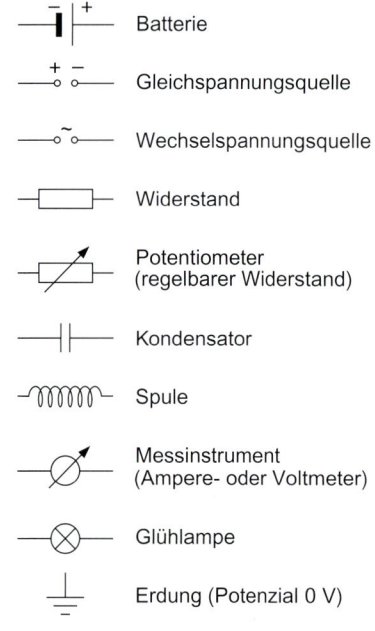

Abb. 5.4 Symbole für elektrische Bauelemente

netische Energie zum größten Teil in Wärme umgewandelt.

Magnetische Wirkung
Jede bewegte elektrische Ladung erzeugt ein **magnetisches Feld**. Daher ist ein stromdurchflossener Leiter stets von einem Magnetfeld umgeben.

Chemische Wirkung
Lösungen von Salzen, Säuren und Basen leiten den elektrischen Strom. Hier sind die Ladungsträger **Ionen**. Stoffe die in einer Lösung Ionen bilden, heißen **Elektrolyte**.

Bei der **Elektrolyse** werden Stoffe durch elektrischen Strom in ihre Bestandteile aufgespalten.

■ Der elektrische Stromkreis

- In der Darstellung einer elektrischen Schaltung sind für die einzelnen Bauelemente Symbole festgelegt (→ Abb. 5.4).
- Richtungspfeile zeigen in die **technische Stromrichtung,** die historisch von $+ \rightarrow -$ festgelegt wurde.
- Die **Elektronenstromrichtung,** d. h., die tatsächliche Bewegung der Ladungsträger, verläuft dazu entgegengesetzt von $- \rightarrow +$.

■ CHECK-UP

☐ Wie verläuft die technische Stromrichtung, wie die Richtung des Elektronenstroms?
☐ Nennen Sie drei Wirkungen des elektrischen Stroms.

Ohm-Gesetz, Ohm-Widerstand

■ Ohm-Gesetz

Nach dem Ohm-Gesetz ist der Widerstand R der Proportionalitätsfaktor zwischen dem Strom I und der Spannung U.

$$U = R \cdot I$$

Einheit: **Ohm (Ω),** $1\,\Omega = 1\,\text{V/A}$.

■ Ohm-Widerstand

Ein Ohm-Widerstand verhält sich im Gleich- und Wechselstromkreis identisch, seine Kennlinie ist eine Gerade.
Der Kehrwert des Widerstands ist der **Leitwert L**.

$$L = \frac{I}{U} = \frac{1}{R}$$

Einheit des Leitwerts: **Siemens (S),** $1\,\text{S} = 1\,\Omega^{-1}$.

Der Widerstand eines elektrischen Leiters lässt sich aus seinen Abmessungen berechnen.

$$R = \sigma \cdot \frac{l}{A}$$

l ist die Länge und A der Querschnitt des Leiters. Im Fall eines zylindrischen Leiters (z. B. einem Draht) ist dies die Kreisfläche $A = \pi \cdot r^2$.

■ Spezifischer Widerstand

- Der **spezifische Widerstand** σ (gelegentlich auch „Resistivität") ist eine Materialkonstante.
- Einheit: $\Omega \cdot \text{m}$.
- Der spezifische Widerstand von Metallen ist sehr gering. Er ist temperaturabhängig. Bei den meisten Metallen nimmt der spezifische Widerstand mit steigender Temperatur zu.

■ CHECK-UP

☐ Wie lautet das Ohm-Gesetz?

5 Elektrizitätslehre

 ## Elektrische Leistung

Die elektrische Leistung ist das Produkt aus Strom und Spannung

$$P = U \cdot I$$

Einheit: **Watt (W)**, 1 W = 1 VA.
An einem Ohm-Widerstand wird die Leistung des elektrischen Stroms in Wärme umgesetzt. Das Einsetzen des Ohm-Gesetzes ergibt:

$$P = R \cdot I^2$$

oder

$$P = \frac{1}{R} \cdot U^2$$

Das Produkt aus Leistung und Zeit ergibt die vom Strom verrichtete Arbeit. Daraus resultiert die Einheit: Wattsekunde (1 Ws =1 J), oder als Vielfaches davon die **Kilowattstunde** (kWh), 1 kWh = 1.000 W·3.600 s = 3.600.000 J.

> Bei konstanter Spannung ist die Leistung proportional zum Quadrat der Stromstärke.

■ CHECK-UP
- ☐ Wie ist die elektrische Leistung definiert?
- ☐ Die an einem Ohm-Widerstand anliegende Spannung wird verdoppelt. Wie ändert sich die umgesetzte Leistung?

 ## Messung von Strom, Spannung und Widerstand

■ Strom- und Spannungsmessung

Eine Spannung wird immer zwischen zwei Punkten gemessen (→ Abb. 5.5).
- Strommessgerät: **Amperemeter.** Seine Widerstände sind in Reihe geschaltet.
- Spannungsmessgerät: **Voltmeter.** Seine Widerstände sind parallel geschaltet.

Jedes Messgerät hat selbst einen Innenwiderstand, der die Schaltung beeinflusst und das Messergebnis verfälscht. Diese systematischen Fehler können berechnet werden.
Damit die auftretenden Messfehler in der Praxis vernachlässigbar gering werden, muss der Innenwiderstand eines Amperemeters sehr klein sein. Dagegen soll ein Voltmeter einen möglichst hohen Innenwiderstand besitzen.

■ Schaltungen von Widerständen

Widerstände können zueinander parallel oder in Reihe hintereinander geschaltet werden.

Reihenschaltung
Bei der Reihen- oder Serienschaltung addieren sich die **Einzelwiderstände** (→ Abb. 5.6a). Amperemeter haben eine Reihenschaltung.

$$R_{Ges} = R_1 + R_2$$

Parallelschaltung
Bei der Parallelschaltung addieren sich die Kehrwerte der Widerstände, d. h. die **Leitwerte** (→ Abb. 5.6b). Voltmeter haben eine Parallelschaltung.

$$\frac{1}{R_{Ges}} = \frac{1}{R_1} + \frac{1}{R_2}$$

> Reihenschaltung: R_{Ges} ist größer als der größte Einzelwiderstand.
> Parallelschaltung: R_{Ges} ist kleiner als der kleinste der Einzelwiderstände.

Genau wie in einem Netzwerk aus Röhren oder Kapillaren gelten in einem verzweigten Stromkreis die **Kirchhoff-Gesetze**:

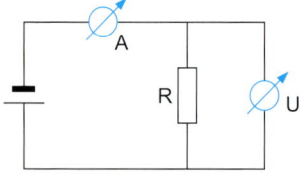

Abb. 5.5 Messung von Strom und Spannung

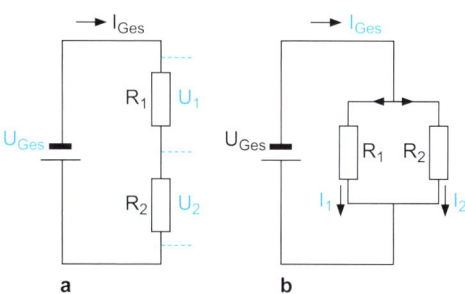

Abb. 5.6 Reihenschaltung (a) und Parallelschaltung (b) von Widerständen

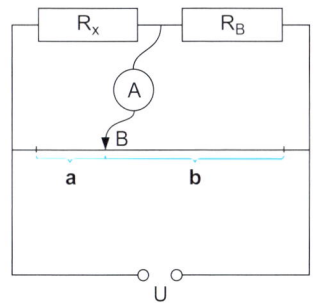

Abb. 5.7 Wheatstone-Brückenschaltung

1. Knotenregel: Die Summe der in eine Verzweigung ein- und ausfließenden Ströme ist gleich Null.

$$\sum_i I_i = 0$$

2. Maschenregel: In einem geschlossen Umlauf addieren sich die Teilspannungen zu Null.

$$\sum_i U_i = 0$$

Ist in einer Masche eine Spannungsquelle enthalten, so wird ihre Spannung negativ gezählt.

■ Wheatstone-Brücke

Die Wheatstone-Brückenschaltung (→ Abb. 5.7) wird zu einer sehr präzisen Widerstandsmessung benutzt. Ein unbekannter Widerstand R_X wird mit einem bekannten Bezugswiderstand R_B in Reihe geschaltet. Parallel dazu liegt ein Widerstandsdraht, der durch einen verschiebbaren Mittelabgriff als Spannungsteiler fungiert. Die Brücke ist abgeglichen, wenn das Messgerät keinen Stromfluss mehr anzeigt. Die Längen a und b werden gemessen, dann kann der unbekannte Widerstand R_X errechnet werden, denn es gilt:

$$\frac{a}{b} = \frac{R_X}{R_B}$$

■ Spannungsquellen

Ideale Spannungsquelle
Eine ideale Spannungsquelle hält, unabhängig von der Höhe des abgegebenen Stroms, eine unveränderte Spannung aufrecht. In der Praxis sinkt jedoch bei Entnahme eines hohen Stroms die Spannung. Es werden mehr Elektronen entnommen, als in der gleichen Zeit nachgeliefert werden können.

Reale Spannungsquelle
Ihr Innenwiderstand R_i ist mit einer idealen Spannungsquelle, die die Leerlaufspannung U_0 liefert, in Reihe geschaltet. Bei Stromfluss fällt am Innenwiderstand die Spannung $U_i = R_i \cdot I$ ab und die an den Anschlüssen abgreifbare Klemmenspannung sinkt auf:

$$U = U_0 - R_i \cdot I$$

Eine Spannungsquelle mit kleinem Innenwiderstand (niederohmige Spannungsquelle) kann hohe Ströme liefern, ohne dass die Klemmenspannung nennenswert absinkt. Eine hochohmige Spannungsquelle dagegen ist nur für kleine Ströme geeignet.

■ CHECK-UP
☐ Nennen Sie die Formeln für Reihen- und Parallelschaltung von Widerständen.

5 Elektrizitätslehre

Elektrische Kapazität

■ Der Kondensator

Ein Kondensator speichert elektrische Ladungen. Beim Plattenkondensator stehen sich zwei Metallplatten der Fläche A im Abstand d gegenüber. In einem **Plattenkondensator** bildet sich ein homogenes elektrisches Feld der Stärke

$$E = \frac{U}{d}$$

Der Kondensator trägt die Ladung

$$Q = C \cdot U$$

C ist die Kapazität des Kondensators und U die angelegte Spannung.
Einheit der Kapazität: **Farad (F)**, 1 F = 1 C/V.
Das elektrische Feld des Kondensators speichert die Energie:

$$W = \frac{1}{2} \cdot C \cdot U^2$$

Die Kapazität eines Plattenkondensators ist abhängig von
- der Plattenfläche,
- dem Plattenabstand,
- dem Material zwischen den Kondensatorplatten.

$$C = \varepsilon_0 \cdot \varepsilon_r \cdot \frac{A}{d}$$

- Das nichtleitende Medium zwischen den Kondensatorplatten wird als **Dielektrikum** bezeichnet.

- Die Materialkonstante dieses Mediums ist die **relative Dielektrizitätskonstante.** Sie ist eine dimensionslose Zahl ε_r. Für das Vakuum, und praktisch auch für Luft, ist $\varepsilon_r = 1$.
- Das Produkt $\varepsilon = \varepsilon_0 \cdot \varepsilon_r$ wird auch als **Permittivität** oder **Permittivitätszahl** eines Materials bezeichnet.

■ Schaltungen von Kondensatoren

Parallelschaltung
Bei der Parallelschaltung zweier Kondensatoren ist die Gesamtkapazität die Summe der Einzelkapazitäten.

$$C_{Ges} = C_1 + C_2$$

Reihenschaltung
In der Reihenschaltung ist die Gesamtkapazität kleiner als die kleinste der Einzelkapazitäten.

$$\frac{1}{C_{Ges}} = \frac{1}{C_1} + \frac{1}{C_2}$$

Die Formeln für die Schaltung von Kondensatoren sind strukturell aufgebaut wie die Regeln für Widerstände und sind daher leicht zu merken. Gegenüber den Widerständen sind für Kondensatoren lediglich die **Gesetze für Parallel- und Reihenschaltung „vertauscht".**

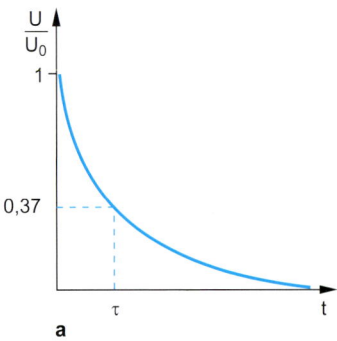

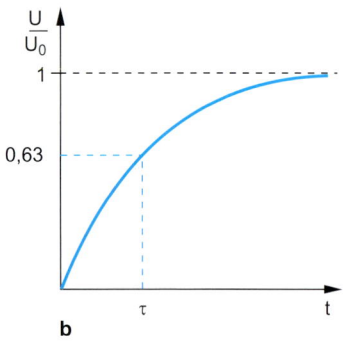

Abb. 5.8 Kondensatorspannung beim Entladen (a) und Laden (b)

■ Auf- und Entladevorgänge

Der Lade- bzw. Entladevorgang eines Kondensators wird durch eine Exponentialfunktion beschrieben (→ Abb. 5.8).

RC-Glied. Eine Reihenschaltung aus Kondensator und Ohm-Widerstand wird als RC-Glied bezeichnet. $\tau = R \cdot C$ ist die **Zeitkonstante** des RC-Glieds.
Hat ein Kondensator die Spannung U_0 und wird dann einen Widerstand R entladen, ist der Spannungsverlauf:

$$U_{(t)} = U_0 \cdot e^{-\frac{t}{\tau}}$$

Nach der Zeit $t = \tau$ ist die Spannung auf $1/e = 0{,}37$ des Anfangswerts gefallen.
Für den Aufladevorgang gilt:

$$U_{(t)} = U_0 \cdot \left(1 - e^{-\frac{t}{\tau}}\right)$$

Nach $t = \tau$ sind 63 % des Endwerts erreicht.

> Nachdem ein Kondensator vollständig aufgeladen wurde, stellt er für Gleichstrom einen unendlich großen Widerstand dar. Im Wechselstromkreis wird ein Kondensator periodisch umgeladen.

■ CHECK-UP

- ☐ Nennen Sie die Formeln für Reihen- und Parallelschaltung von Kondensatoren.
- ☐ Wovon hängt die Kapazität eines Kondensators ab?
- ☐ Mit welcher Zeitkonstante lädt/entlädt sich ein Kondensator?

Elektrizitätsleitung

■ Leitung in Festkörpern

- Die **Elektronen** sind Ladungsträger des elektrischen Stroms.
- In guten **Leitern** nimmt die Leitfähigkeit mit steigender Temperatur ab.
- In **Halbleitern** sind nur wenige freie Ladungsträger vorhanden. Die Leitfähigkeit nimmt bei Temperaturerhöhung zu.
- **Isolatoren** besitzen keine frei beweglichen Ladungsträger.

■ Leitung in Flüssigkeiten

- Ladungsträger liegen in Form von Ionen vor.
- Ionenverbindungen dissoziieren in wässriger Lösung.

Eine Lösung, die Ionen als Ladungsträger enthält, wird **Elektrolyt** genannt. Elektrolyte leiten den elektrischen Strom.

Folgende Bezeichnungen sind wichtig:
- **Anode:** positive Elektrode
- **Kathode:** negative Elektrode
- **Anion:** negativ geladenes Ion, wandert zur Anode
- **Kation:** positiv geladenes Ion, wandert zur Kathode

Elektrolyse

Durch elektrische Energie kann eine Ionenverbindung in ihre Bestandteile zerlegt werden. Dies wird als **Elektrolyse** bezeichnet.
Die **Faraday-Gesetze** geben den Zusammenhang zwischen der bei der Elektrolyse an den Elektroden abgeschiedenen Stoffmenge und der transportierten Ladung an.

1. Faraday-Gesetz. Die Masse des an einer Elektrode abgeschiedenen Stoffs ist proportional zu der durch den Elektrolyten geflossenen Ladung.

$$m = c \cdot Q$$

c ist das **elektrochemische Äquivalent** des betreffenden Stoffs und gibt an, welche Masse durch eine Ladung von 1 Coulomb abgeschieden wird.

2. Faraday-Gesetz. Die zur elektrolytischen Abscheidung von 1 mol Teilchen erforderlich Ladung ist

$$Q = z \cdot F$$

z gibt die Wertigkeit der Ionen an, d.h., die Zahl der Elementarladungen, die sie tragen.

Faraday-Konstante F. Die benötigte Ladungsmenge, um 1 Mol einer einwertigen Substanz

5 Elektrizitätslehre

auszuscheiden: F = 96.485 C/mol. Die Faraday-Konstante ist das Produkt aus Elementarladung und Avogadro-Konstante.

■ Leitung in Gasen

Normalerweise sind Gase Nichtleiter, den ihre Atome bzw. Moleküle sind elektrisch neutral. Bei hohen Temperaturen oder durch hochenergetische Strahlung können jedoch Elektronen herausgelöst werden. Diese Elektronen und die zurückbleibenden positiven Ionen stehen dann als Ladungsträger für den elektrischen Strom zur Verfügung.

■ Leitung im Vakuum

In einem Vakuum stehen zunächst keine Ladungsträger zur Verfügung. Sie können aber durch Elektronen- oder Ionenquellen erzeugt werden:
- **glühelektrischer Effekt:** Elektronen treten aus einem Metall aus, wenn es erhitzt wird.
- **Fotoeffekt:** Durch energiereiche elektromagnetische Strahlung werden Elektronen aus einem Metall herausgelöst.

■ CHECK-UP
- ☐ Welche Ladungsträger bilden den elektrischen Strom in Festkörpern, welche in Flüssigkeiten und Gasen?
- ☐ Welche Ladung trägt ein Anion, welche ein Kation?

Elektrische Spannungen an Grenzflächen, Diffusionsspannungen

■ Kontaktspannung, Thermospannung

An der Kontaktstelle unterschiedlicher Metalle treten Elektronen aus dem Material mit der kleineren in das Material mit der größeren Austrittsarbeit über. Es entsteht eine Potenzialdifferenz, die **Kontaktspannung**.
Eine Leiterschleife aus unterschiedlichen Materialien bildet ein Thermoelement. Die Spannung an beiden Kontaktstellen hat entgegengesetzte Polarität. Die Summe der Kontaktspannungen ist deshalb gleich null.
Wird eine der Kontaktstellen erwärmt, sind die Beträge der Kontaktspannungen nicht mehr gleich. Es entsteht die **Thermospannung** ΔU, die zur Temperaturdifferenz ΔT proportional ist.

$$\Delta U = \alpha \cdot \Delta T$$

Der Proportionalitätsfaktor α ist für die jeweilige Materialkombination spezifisch.

■ Galvanische Spannung

Taucht eine Metallelektrode in eine Elektrolyten ein, entsteht zwischen dem Elektrolyten und der Elektrode eine Potenzialdifferenz, die **galvanische Spannung**.

Die elektrochemischen Potenziale verschiedener Materialien werden gegen eine festgelegte Normelektrode gemessen. Dies ist eine mit Wasserstoffgas umspülte Platinelektrode.
Entsprechend der so gemessenen **Normalspannungen** werden Stoffe in einer Spannungsreihe angeordnet.
Zwei Elektroden in einem Elektrolyten bilden ein **galvanisches Element**. Die Spannung des galvanischen Elements ist die Differenz der Normalspannungen beider Elektrodenmaterialien.

■ Membranspannung

Sind zwei Elektrolyte durch eine ionenselektive Membran getrennt, entsteht eine Spannung. Diese Membranspannung wird mit der **Nernst-Gleichung** beschrieben:

$$U = \frac{k \cdot T}{z \cdot e} \cdot \ln \frac{c_1}{c_2}$$

c_1 und c_2 sind die Konzentrationen der Elektrolyte und z die Wertigkeit der Ionen.
Die Nernst-Gleichung lässt sich auch schreiben als:

$$U = \frac{1}{z} \cdot 0{,}059\,V \cdot \log_{10} \frac{c_1}{c_2}$$

Die Membranspannung ist proportional zum Logarithmus des Verhältnisses der Elektolytkonzentrationen.

■ CHECK-UP

☐ Um welchen Faktor muss sich das Verhältnis der Elekrolytkonzentrationen ändern, damit sich die Membranspannung verdoppelt?

Magnetische Größen

■ Magnetische Felder

Die Erscheinungen Elektrizität und Magnetismus zeigen Ähnlichkeiten, aber auch wesentliche Unterschiede auf.

Gemeinsamkeiten:
- Es existieren zwei Arten magnetischer Pole: Nord- und Südpol.
- Zwischen gleichnamigen Polen wirkt eine abstoßende Kraft; ungleichnamige Pole ziehen sich an.
- Das magnetische Feld lässt sich in einem Feldlinienbild darstellen.
- Die Richtung der magnetischen Feldlinien ist außerhalb des felderzeugenden Magneten definiert als vom Nord- zum Südpol verlaufend (E-Feld: vom pos. zum neg. Pol).

Unterschiede:
- Magnete sind stets Dipole, es lassen sich keine einzelnen magnetischen Pole isolieren.
- Die Feldlinien des magnetischen Felds sind ringförmig geschlossen. Auch innerhalb des Magneten besteht ein magnetisches Feld.

Flussdichte. Die **magnetische Flussdichte B** (auch: magnetische Induktion) ist am ehesten als zur Stärke des elektrischen Felds E analoge Größe anzusehen.
Einheit: **Tesla (T)**.

$$1\,T = 1\,\frac{V \cdot s}{m^2}$$

Die **magnetische Feldstärke H** steht mit der magnetischen Flussdichte in der Beziehung

$$\vec{B} = \mu_0 \cdot \mu_r \cdot \vec{H}$$

- μ_0 ist die magnetische Feldkonstante, sie beträgt $1{,}26 \cdot 10^{-6}\,\frac{V \cdot s}{A \cdot m}$.
- μ_r ist eine dimensionslose Materialkonstante, die **Permeabilitätszahl** eines Materials.

Die Unterscheidung zwischen magnetischer Feldstäre H und magnetischer Flussdichte B sind historisch bedingt. In der neueren Literatur wird, auch wenn es im engeren Sinne der Definitionen nicht ganz exakt ist, vereinfachend von

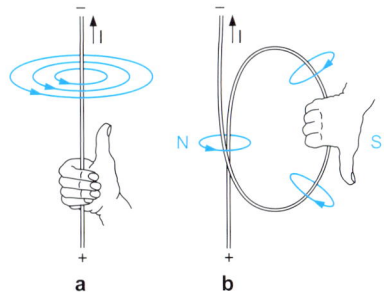
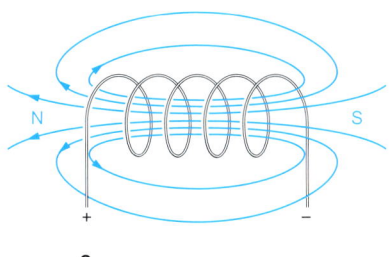

Abb. 5.9 Die magnetischen Felder eines geraden, stromdurchflossenen Leiters (a), einer Leiterschleife (b) und einer Spule (c)

5 Elektrizitätslehre

„einem magnetischen Feld der Stärke B" gesprochen.
Die Flussdichte des Felds ist proportional zur Stärke des elektrischen Stroms und nimmt proportional mit Abstand r zum Leiter ab.

$$B = \mu_0 \cdot \mu_r \cdot \frac{I}{2 \cdot \pi \cdot r}$$

Magnetfeld der Erde. Das Drehmoment auf eine Kompassnadel richtet diese parallel zur Horizontalkomponente des Erdmagnetfelds aus. Die geografische Nordrichtung ist als die Richtung festgelegt, in die der Nordpol der Kompassnadel zeigt. Dies ist die Richtung zum magnetischen Südpol der Erde.

Magnetfeld elektrischer Ladung. Bewegte elektrische Ladungen erzeugen magnetische Felder. Jeder elektrische Strom erzeugt daher ein magnetisches Feld. Stromdurchflossene Leiter sind stets von magnetischen Feldern umgeben (→ Abb. 5.9).

Richtung der Feldlinien. „Daumenregel":
Der Daumen der rechten Hand zeigt in Richtung der **technischen Stromrichtung** (+ → −).
Die übrigen Finger umgreifen den Draht und weisen die Finger in die Richtung des magnetischen Felds (N → S).
Alternativ kann die linke Hand benutzt werden. Der Daumen weist dann in die **Elektronenstromrichtung** (− → +).

Magnetfeld der Spule. Im Inneren einer langen, zylindrischen Spule der Länge l mit n Windungen erzeugt ein Strom I ein magnetisches Feld

$$B = \mu_0 \cdot \mu_r \cdot \frac{n}{l} \cdot I$$

■ Magnetische Eigenschaften der Materie

Materie ist aus kleinsten Elementarmagneten aufgebaut. Die Orientierung dieser Elementarmagnete ist meist zufällig verteilt, sodass sie sich in ihrer Wirkung gegenseitig aufheben.
In einem Permanentmagneten sind die Elementarmagnete gleich ausgerichtet.
Materie wird in einem äußeren Magnetfeld magnetisiert. Die **magnetische Suszeptibilität** χ_m kennzeichnet die **Magnetisierbarkeit** eines Stoffs. Sie steht mit der Permeabilität μ_r in der Beziehung:

$$\mu_r = 1 + \chi_m$$

Es werden drei Arten des Magnetismus unterschieden.

Diamagnetismus
- μ_r ist ein wenig kleiner als 1.
- Die Suszeptibilität ist negativ.

$$\mu_r < 1 \quad \chi_m \approx -10^{-4}$$

- Die induzierten magnetischen Felder sind dem äußeren Feld entgegengerichtet und schwächen dieses.

Paramagnetismus
- μ_r ist ein wenig größer als 1.
- Die Suszeptibilität ist positiv.

$$\mu_r > 1 \quad \chi_m \approx +10^{-5}$$

Ferromagnetismus
- μ_r ist wesentlich größer als 1.
- Die Suszeptibilität hat einen hohen positiven Wert.

$$\mu_r >> 1 \quad \chi_m \approx +10^3 .... +10^4$$

■ Magnetische Kraftwirkung

Ein magnetisches Feld übt eine Kraft auf eine bewegte elektrische Ladung q aus, die sogenannte **Lorentzkraft**.

$$\vec{F} = q \cdot \vec{v} \times \vec{B}$$

Die Geschwindigkeit v, die Richtung des Felds B und die Kraft F stehen jeweils senkrecht aufeinander.
Es lässt sich die **3-Fingerregel der rechten Hand** anwenden:

- Daumen → Bewegungsrichtung einer positiven Ladung
- Zeigefinger → Richtung des magnetischen Felds (von Nord nach Süd)
- Mittelfinger → Richtung der Lorentzkraft.

Bei Verwendung der linken Hand zeigt der Daumen in Richtung der Bewegung einer negativen Ladung.

> Die Lorentzkraft wirkt stets senkrecht zur Bewegungsrichtung eines geladenen Teilchens. In einem magnetischen Feld bewegt sich die Ladung auf einer Kreisbahn.

Induktion

Selbstinduktion, Induktivität

Ein zeitlich veränderliches Magnetfeld induziert in einem Leiter eine elektrische Spannung. Wird an eine Spule eine Spannung angelegt, fließt ein Strom. In der Spule baut sich ein Magnetfeld auf, dessen Änderung wieder eine Spannung induziert. Diese Abfolge wird als **Selbstinduktion** bezeichnet. Sie spielt besonders bei Ein- und Ausschaltvorgängen eine Rolle.
In einer Spule mit n Windungen, der Querschnittsfläche A und der Länge l wird die Spannung induziert:

$$U = -\mu_0 \cdot \mu_r \cdot \frac{n^2 \cdot A}{l} \cdot \frac{dI}{dt}$$

Für die Eigenschaften der Spule wird die **Induktivität L** einer Spule eingeführt.

$$L = \mu_0 \cdot \mu_r \cdot \frac{n^2 \cdot A}{l}$$

Einheit: **Henry (H)**, $1\,H = 1\,\frac{V \cdot s}{A}$.

Die in der Spule induzierte Spannung lässt sich dann schreiben als

$$U = -L \cdot \frac{dI}{dt} = -L \cdot \dot{I}$$

Im magnetischen Feld einer Spule ist die Energie gespeichert:

$$W = \frac{1}{2} \cdot L \cdot I^2$$

Technische Anwendung findet die Induktion in Elektromotoren, Generatoren, elektromechanischen Messinstrumenten und in Transformatoren.

Transformatoren

Ein Transformator besteht aus zwei um einen gemeinsamen Weicheisenkern gewickelten Spulen. Durch die Wahl geeigneter Windungszahlen beider Spulen kann eine Wechselspannung auf jede gewünschte Höhe herauf- oder heruntertransformiert werden.

- Die Eingangsseite des Transformators heißt Primärseite, die Ausgangsseite Sekundärseite.
- Die Beträge von Primär- und Sekundärspannungen stehen zueinander im gleichen Verhältnis wie die Windungszahlen n_p der Primär- und n_s der Sekundärwicklung.

$$\frac{U_p}{U_s} = \frac{n_p}{n_s}$$

Weil die Leistung (das Produkt aus Stromstärke und Spannung) für beide Seiten den gleichen Wert hat, stehen die Ströme im umgekehrten Verhältnis wie die Windungszahlen.

$$\frac{I_p}{I_s} = \frac{n_s}{n_p}$$

■ CHECK-UP

- ☐ Nennen Sie die Gemeinsamkeiten und Unterschiede zwischen elektrischen und magnetischen Feldern.
- ☐ Nennen Sie die drei Arten des Magnetismus.
- ☐ Erklären Sie den Begriff Induktion.
- ☐ Welche Funktion hat ein Transformator?

Wechselspannung, Wechselstrom

Eigenschaften der Wechselspannung

- Eine Wechselspannung ändert periodisch ihren Wert (→ Abb. 5.10).
- Der Momentanwert der Spannung ist

$$U_{(t)} = U_0 \cdot \sin(\omega \cdot t)$$

- Der Scheitelwert der Spannung U_0 entspricht der Amplitude einer Schwingung.
- $\omega = 2 \cdot \pi \cdot f$ ist die Kreisfrequenz der Wechselspannung.
- Die **Frequenz f** gibt die Anzahl der **Perioden** in einer Sekunde an.
- T = 1/f ist die Dauer einer Periode.
- Die Stromstärke wird ebenfalls durch eine Sinusfunktion beschrieben.

5 Elektrizitätslehre

$$I_{(t)} = I_0 \cdot \sin(\omega \cdot t + \varphi)$$

Φ ist der Phasenwinkel, um den die Kurven für Strom und Spannung gegeneinander verschoben sind, denn im Wechselstromkreis treten die Maximalwerte von Strom und Spannung nicht immer gleichzeitig auf. An Bauelementen wie Spulen und Kondensatoren tritt eine Phasenverschiebung auf.

Über eine Periode ist der Mittelwert der Spannung gleich null, da sich positive und negative Beiträge ausgleichen. Mathematisch wird deshalb ein quadratischer Mittelwert gebildet, der sogenannte **Effektivwert** U_{eff} der Wechselspannung.

Der **Effektivwert** einer Wechselspannung entspricht dem Wert einer Gleichspannung, die an einen Ohm-Widerstand die gleiche Joule-Wärme erzeugt.
Für sinusförmige Spannungen sind die Effektivwerte:

$$U_{eff} = \frac{U_0}{\sqrt{2}} \quad \text{und} \quad I_{eff} = \frac{I_0}{\sqrt{2}}$$

Der Effektivwert einer Wechselspannung ist unabhängig von ihrer Frequenz.

Messinstrumente zeigen die Effektivwerte von Wechselströmen und -spannungen an.
- Effektivwert der im Haushalt verwendeten Wechselspannung: 220 V.
- Maximalwert: $U_0 = 220\,V \cdot \sqrt{2} = 311\,V$.
- Frequenz der Haushaltsspannung: f = 50 Hz.
- Periodendauer: T = 20 ms,
- Kreisfrequenz: $\omega = 2 \cdot \pi \cdot 50\,s^{-1} = 314\,s^{-1}$.

Darstellung am Oszillografen. Der zeitliche Verlauf einer Wechselspannung lässt sich mit einem **Elektronenstrahl-Oszillografen** oder **Oszilloskop** darstellen.

Am Gerät einstellbar sind:
- horizontal: die **Zeitablenkung** (Timebase: ms/cm bzw. µs/cm)
- vertikal: die Verstärkung des Eingangssignals (V/cm) und somit der **Abbildungsmaßstab**.

■ Bauelemente im Wechselstromkreis

Widerstand
Ohm-Widerstände verhalten sich im Gleich- und im Wechselstromkreis identisch. Es besteht keine Phasenverschiebung zwischen Strom und Spannung.

Kondensator
Der Kondensator wird periodisch umgeladen, er verhält sich im Wechselstromkreis scheinbar wie ein Widerstand. Der Wechselstromwiderstand wird als **Impedanz Z** bezeichnet und beträgt:

$$Z = \frac{1}{\omega \cdot C}$$

Je höher die Frequenz der Wechselspannung und je größer die Kapazität des Kondensators, desto kleiner wird sein Wechselstromwiderstand.
Am Kondensator sind Strom und Spannung gegeneinander um ϕ = π/2 (90°) phasenverschoben. Der Maximalwert des Stroms wird vor dem der Spannung erreicht.

Spule
Der Wechselstromwiderstand einer Spule steigt proportional zur Frequenz der Wechselspannung

$$Z = \omega \cdot L$$

Der Betrag der Phasenverschiebung ist ebenfalls ϕ = π/2. Hier erreicht allerdings die Spannung vor dem Strom ihr Maximum.

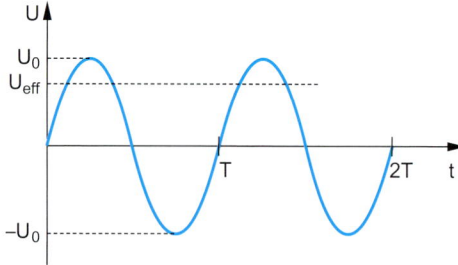

Abb. 5.10 Zeitlicher Verlauf einer Wechselspannung

Merksatz: Bei der Induktivität kommt der Strom zu spät.

■ Elektromagnetischer Schwingkreis

Der elektromagnetische Schwingkreis besteht aus einer Parallelschaltung von Spule und Kondensator.
Es entsteht ein periodischer Vorgang:

- Der Kondensator entlädt sich über die Spule,
- → der Entladestrom erzeugt in der Spule ein magnetisches Feld,
- → das Magnetfeld induziert in der Spule eine Spannung,
- → die Spule lädt den Kondensator mit nun entgegengesetzter Polarität wieder auf.

Der Schwingkreis hat die Eigenfrequenz:

$$\omega = \frac{1}{\sqrt{L \cdot C}} \text{ bzw. } f = \frac{1}{2 \cdot \pi \cdot \sqrt{L \cdot C}}$$

■ CHECK-UP

☐ Was ist der Effektivwert einer Wechselspannung und wie hängt er mit dem Maximalwert zusammen?
☐ Aus welchen Bauteilen besteht ein elektrischer Schwingkreis?

Und jetzt üben mit den wichtigsten IMPP-Fragen:
http://www.mediscript-online.de/Fragen/Wenisch_Kap05
(Anleitung zum Einloggen s. Buchdeckel-Innenseite).

6 Schwingung und Wellen

- Schwingung 61
- Wellen 62
- Schallwellen 64
- Elektromagnetische Wellen 65

Schwingung

■ Grundlagen

Eine **Schwingung** ist ein periodischer, d. h. ein sich wiederholender Vorgang. Breitet sich die Schwingung im Raum aus, entsteht eine **Welle**. Ein System, bei dem der rückstellende Einfluss proportional zu seiner Abweichung aus der Ruhelage ist, führt eine **harmonische Schwingung** aus. Diese werden durch Sinus- oder Cosinusfunktionen beschrieben (→ Abb. 6.1):

$$y_{(t)} = y_0 \cdot \sin(\omega \cdot t + \varphi)$$

- $y_{(t)}$: Der Momentanwert der Schwingung, bei mechanischen Systemen auch **Elongation** (Auslenkung) genannt.
- y_0: Amplitude, der Maximalwert.
- T: Schwingungsdauer, die für eine Schwingung benötige Zeit. Der Zusammenhang mit der Frequenz f, also der Anzahl der Schwingungen pro Sekunde, ist f = 1/T.
- ω: Kreisfrequenz, mit $\omega = 2 \cdot \pi \cdot f$. Die Frequenz f wird in Herz angegeben (1 Hz = 1 s^{-1}), die Kreisfrequenz aber immer in der Einheit s^{-1}.
- ϕ: Phasenwinkel, er gibt die Verschiebung zwischen zwei Schwingungen an.

■ Energiebilanz, Dämpfung

Soweit Verluste durch Dämpfung vernachlässigt werden können, ist die Gesamtenergie des schwingenden Systems konstant. Periodisch wird eine Energieform in eine andere umgewandelt, z. B. kinetische in potenzielle Energie und umgekehrt.

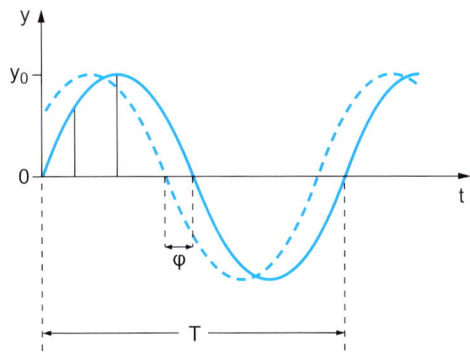

Abb. 6.1 Verlauf einer harmonischen Schwingung der Form $y_{(t)} = y_0 \cdot \sin(\omega \cdot t + \varphi)$

6 Schwingung und Wellen

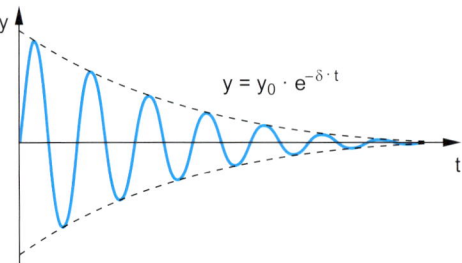

Abb. 6.2 Gedämpfte Schwingung

In der Realität geht aber stets Energie verloren, z. B. durch Reibung oder Luftwiderstand. Die Schwingung ist gedämpft. In jeder neuen Periode ist die Amplitude etwas kleiner als in der vorangegangenen Periode.
Die Exponentialfunktion

$$y_{(t)} = y_0 \cdot e^{-\delta t}$$

beschreibt diesen **Abklingvorgang**. Die Konstante δ ist ein Maß für die **Dämpfung** des Systems.
Insgesamt ist die Zeitabhängigkeit einer gedämpften Schwingung

$$y_{(t)} = y_0 \cdot \sin(\omega \cdot t + \varphi) \cdot e^{-\delta t}$$

■ Erzwungene Schwingung

Durch eine äußere periodische Kraft führt ein schwingungsfähiges System eine erzwungene Schwingung aus, z. B. beim periodischen Anstoßen einer Schaukel.

Die Auslenkung ist abhängig vom Verhältnis der Erregerfrequenz ω und der Eigenfrequenz ω_0 des Systems. Ist die Erregerfrequenz gleich der Eigenfrequenz des ungedämpften Systems, wächst dessen Amplitude theoretisch bis ins Unendliche.
Das **Mitschwingen** eines Systems wird als **Resonanz** bezeichnet.

■ Harmonische und anharmonische Oszillatoren

Das Federpendel, das Fadenpendel sowie der elektrische Schwingkreis führen **harmonische** Schwingungen durch. Sie werden auch als harmonische Oszillatoren
bezeichnet. Sie machen nur einen kleinen Teil der in Natur und Technik auftretenden periodischen Vorgänge aus.
Beispiele für **anharmonische** Schwingungen sind die Ableitungen des EKG und EEG, die periodische, aber keine harmonischen Signale liefern.

■ CHECK-UP

- ☐ Erklären Sie die Begriffe Amplitude und Elongation.
- ☐ Wie hängen Schwingungsdauer, Frequenz und Kreisfrequenz einer Schwingung zusammen?

Wellen

■ Grundlagen

Wenn ein schwingendes System seine Umgebung beeinflusst, breitet sich die Schwingung räumlich aus und es entstehen Wellen.
Es wird unterschieden zwischen Longitudinalwellen und Transversalwellen (→ Abb. 6.3).

- **Longitudinalwellen** (Längswellen): Die Schwingungsrichtung ist entlang der Ausbreitungsrichtung der Welle. Beispiel: Schallwellen in einem Gas.
- **Transversalwellen** (Querwellen): Die Schwingungsrichtung ist senkrecht auf der

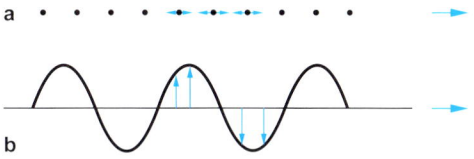

Abb. 6.3 Longitudinalwellen (a) und Transversalwellen (b)

Ausbreitungsrichtung der Welle. Beispiel: Wasserwellen.

Das Produkt aus Wellenlänge und Frequenz ist gleich der **Ausbreitungsgeschwindigkeit** c einer Welle

$$c = \lambda \cdot f$$

Dies gilt für alle Arten von Wellen und in allen Ausbreitungsmedien.
In verschiedenen Stoffen breiten sich Wellen mit unterschiedlicher Geschwindigkeit aus. Beim Übergang in ein anderes Medium bleibt die Frequenz einer Welle konstant, es ändert sich die Wellenlänge.

Bei der dreidimensionalen Ausbreitung einer Welle bilden sich Kugelwellen um das Erregungszentrum. Dabei wird stets auch Energie transportiert, die sich mit wachsender Entfernung auf einer Kugelschale verteilt.
Die **Intensität I** einer Welle ist als deren Energiestromdichte definiert. Ihre Einheit: W/m².

$$I = \frac{P}{4 \cdot \pi \cdot r^2}$$

Darin ist P die Leistung eines Strahlers.

Die Intensität einer punktförmigen Strahlungsquelle nimmt mit dem Quadrat des Abstands von der Quelle ab.

$$I \sim \frac{1}{r^2}$$

Die Intensität einer Welle ist proportional zum Quadrat der Schwingungsamplitude.

■ Ausbreitung von Wellen

Bei der Ausbreitung von Wellen können verschiedene Phänomene auftreten:
- Interferenz,
- Reflexion,
- stehende Wellen,
- Brechung,
- Beugung,
- Streuung,
- Dispersion,
- Polarisation.

Interferenz
Interferenz bezeichnet die Überlagerung von Wellen. Es addieren sich die einzelnen Wellenfunktionen. Treffen jeweils die Maxima oder die Minima zweier Wellen aufeinander, tritt eine Verstärkung ein. Trifft das Maximum der einen auf das Minimum der anderen Welle schwächen sich beide Wellen ab.
Kohärente Wellen schwingen in gleicher Phase. Bei Überlagerung werden sie verstärkt.

Reflexion
Eine Welle wird von einer Grenzfläche zurückgeworfen.

Stehende Welle
Wenn eine Welle zwischen zwei Begrenzungen hin und her reflektiert wird und diese Strecke ein Vielfaches der halben Wellenlänge ist, kann sich durch die Überlagerung von hin- und rücklaufender Welle eine stehende Welle bilden. Die Minima und Maxima des Wellenfelds befinden sich dann stets am gleichen Ort.

Brechung
Die Ausbreitungsrichtung einer Welle ändert sich beim Übergang von einem in ein anderes Medium wie z. B. Luft, Wasser oder Glas.

Beugung
Huygens-Prinzip: An jedem Punkt eines Wellenfelds – auch an den Kanten eines Hindernisses – entsteht eine Kugelwelle.
Eine Welle erreicht daher auch Bereiche hinter einem Hindernis, die bei einer vollkommen geradlinigen Ausbreitung abgeschattet würden: Die Welle „läuft ein wenig um die Ecke".

Streuung
Nach der **Absorption** einer Welle folgt eine **Emission**, bei der die Welle zufällig in eine an-

6 Schwingung und Wellen

dere Richtung ausgestrahlt wird. Wellen werden so aus ihrer ursprünglichen Richtung in andere Richtungen gestreut.

Dispersion
Dispersion bedeutet, dass die Ausbreitungsgeschwindigkeit von Wellen in einem Medium **frequenzabhängig** geschieht.

Polarisation
Für transversale Wellen (s. o.) ist jede Schwingungsrichtung senkrecht zur Ausbreitungsrichtung denkbar.

Bei einer **polarisierten Welle** ist eine Vorzugsrichtung ausgezeichnet, d. h., alle Wellenzüge schwingen in die gleiche Richtung.
- Bei **linearer Polarisation** bleibt diese Vorzugsrichtung konstant.
- Bei **zirkularer Polarisation** ändert sie sich mit dem Fortlaufen der Welle. Es kann dann weiter zwischen einer Drehung im (rechts) und gegen (links) den Uhrzeigersinn unterschieden werden.

■ CHECK-UP
- ☐ Was unterscheidet eine Welle von einer Schwingung?
- ☐ Worin unterscheiden sich Longitudinal- und Transversalwellen?
- ☐ Was versteht man unter Polarisation?
- ☐ Eine Welle läuft von einem Ausbreitungsmedium in ein anderes. Wie verhalten sich Geschwindigkeit, Wellenlänge und Frequenz?

Schallwellen

■ Schall

Schall: Frequenzbereich von **20–20.000 Hz**.
Frequenz < 20 Hz: **Infraschall,** Frequenz > 20 kHz: **Ultraschall.**
Eigenschaften des Schalls:
- Schallausbreitung ist nur in Materie möglich.
- In Gasen und Flüssigkeiten entstehen Longitudinalwellen durch das hin- und herschwingen der Teilchen.
- Schall transportiert Energie, aber keine Materie.

Die **Schallgeschwindigkeit** hängt von den Eigenschaften des jeweiligen Mediums ab.
Sie beträgt in:
- Luft (1.013 mBar, 0 °C): 330 m/s; bei Raumtemperatur etwa 340–350 m/s
- Wasser (20 °C): 1.480 m/s (näherungsweise für Berechnungen: 1.500 m/s).

■ Schallintensität

Die Schallintensität L ist die wichtige Kenngröße eines Schallfelds. Synonym dazu werden auch diese Begriffe verwendet: **Schallpegel,**

Pegelmaß, Schallstärke, Schallintensitätspegel.
Die Schallintensität L ist definiert über das Verhältnis der gemessenen Intensität I zu einer festgelegten Referenzintensität I_0.

$$L = 10 \cdot \log\left(\frac{I}{I_0}\right)$$

Diese Berechnung ergibt zwar eine dimensionslose Zahl, der Schallpegel wird aber in der Einheit **Dezibel (dB)** angegeben.
Zu beachten ist die Definition über den Logarithmus: eine **Verdopplung** der Intensität entspricht lediglich einer Zunahme von **3 dB**.

Referenzintensität. Als Referenzintensität I_0 ist die Intensität eines Tons der Frequenz 1.000 Hz festgelegt, die der Reizschwelle des menschlichen Gehörs entspricht.

Hörschwelle Die Hörschwelle ist frequenzabhängig. Töne gleicher Intensität, aber verschiedener Frequenz, werden als unterschiedlich laut empfunden.

Phon. Die Einheit **Phon** wurde zur Angabe der subjektiv wahrgenommenen Lautstärke eingeführt. Die Phonzahl eines Tons beliebiger Frequenz entspricht dem Schallpegel eines 1 kHz-

Referenztons, der als gleich laut empfunden wird.

Die folgenden **Intensitätsverhältnisse** werden häufig gefragt:

$I = 2 \cdot I_o \Rightarrow + 3\,dB$

$I = 10 \cdot I_o \Rightarrow + 10\,dB$

$I = 100 \cdot I_o \Rightarrow + 20\,dB$

■ Schalldruck

Der Schalldruck oder **Schallwechseldruck** ist die Amplitude der Druckschwankungen. Die Intensität einer Schallwelle ist ein Maß für die transportierte Energie einer Welle. Sie ist proportional zum Quadrat der Druckamplitude, $I \sim P^2$.

$$L_p = 10 \cdot \log\left(\frac{P^2}{P_0^2}\right)$$

Anwendung der Rechenregel für Logarithmen $\log_a x^n = n \cdot \log_a x$ ergibt

$$L_p = 20 \cdot \log\left(\frac{P}{P_0}\right)$$

Für den **Schalldruck** gelten folgende Pegelzunahmen:

$P = 2 \cdot P_o \Rightarrow + 6\,dB$

$P = 10 \cdot P_o \Rightarrow + 20\,dB$

$P = 100 \cdot P_o \Rightarrow + 40\,dB$

Es besteht eine Verwechslungsgefahr zwischen Schalldruck und Schallintensität. Bei Aufgaben muss sorgfältig auf die Angabe der gesuchten Größen geachtet werden.
Das Pegelmaß gilt grundsätzlich für alle Arten von Wellen. Auch die Verstärkung oder Dämpfung elektrischer Signale werden in dB angegeben.

■ Doppler-Effekt

Bewegen sich Sender und Empfänger einer Welle relativ zueinander, so nimmt der Empfänger eine Frequenzverschiebung wahr. Dieses Phänomen wird als **Doppler-Effekt** bezeichnet.
- Bewegen sich Sender und Empfänger aufeinander zu, wird eine gegenüber der Sendefrequenz f_0 erhöhte Frequenz wahrgenommen.
- Bewegen sich beide voneinander weg, wird eine erniedrigte Frequenz wahrgenommen.

Der Doppler-Effekt gilt für alle Arten von Wellen, und somit auch für elektromagnetische Wellen.

■ CHECK-UP

- [ ] Welchen Frequenzbereich hat Schall?
- [ ] Wie groß ist die Schallgeschwindigkeit in Wasser und in Luft?
- [ ] Wie ändert sich der Pegel bei doppelter, 10-facher, 100-facher Schallintensität?
- [ ] Wie ändert sich der Pegel bei doppeltem, 10-fachem, 100-fachem Schalldruck?

Elektromagnetische Wellen

Eigenschaften

Elektromagnetische Wellen breiten sich unabhängig von einem Leiter oder einem sonstigen Trägermedium als wechselnde elektrische und magnetische Felder frei im Raum aus.
- Elektromagnetische Wellen sind **Transversalwellen**.
- Die Richtungen des elektrischen und magnetischen Feldes stehen senkrecht zueinander und senkrecht zur Ausbreitungsrichtung der Welle (→ Abb. 6.5).
- Elektromagnetische Wellen sind polarisierbar. Als Polarisationsrichtung wird die Richtung des elektrischen Feldvektors angegeben.

Sichtbarer Bereich

Nur ein kleiner Teil des elektromagnetischen Spektrums (→ Abb. 6.5) ist vom menschlichen Auge als sichtbares Licht wahrnehmbar. Dieser

6 Schwingung und Wellen

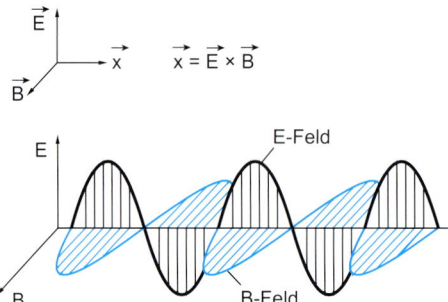

Abb. 6.4 Elektromagnetische Wellen mit der Richtung von elektrischem und magnetischem Feld.

Tab. 6.1 Die Wellenlängen der Farben im sichtbaren Bereich

Farbe	Wellenbereich
Rot	650–700 nm
Gelb	600 nm
Grün	500–550 nm
Blau	450 nm
Violett	420 nm

sichtbare Bereich liegt bei Wellenlängen λ von 400–760 nm. Gelegentlich werden auch um einige Nanometer abweichende Grenzen genannt.
→ Tabelle 6.1 zeigt die Farben des sichtbaren Lichts.
Geringere bzw. höhere Wellenlänge sind vom menschlichen Auge nicht sichtbar:
- λ < 400 nm: **ultraviolette Strahlung**
- λ > 760 nm: **infrarote Strahlung.**

Elektromagnetische Wellen breiten sich im Vakuum und praktisch auch in Luft mit der Geschwindigkeit

$$c = 3 \cdot 10^8 \, \text{m/s}$$

aus.

Es existiert keine einheitliche Modellvorstellung für elektromagnetische Strahlung, situationsabhängig zeigen sich sowohl Wellen- als auch Teilcheneigenschaften.
Die Energie eines Strahlungsteilchens ist proportional zu seiner Frequenz.

$$E = h \cdot f$$

oder mit $c = \lambda \cdot f$ umgekehrt proportional zur Wellenlänge

$$E = \frac{h \cdot c}{\lambda}$$

Die **Planck-Konstante** $h = 6{,}62 \cdot 10^{-34}$ Js ist eine universelle Naturkonstante. Ihr Wert entspricht der kleinsten in der Natur möglichen Energieübertragung.

Ionisierende Strahlung
Energiereiche elektromagnetische Strahlung zählt zu den ionisierenden Strahlungen. Ionisierende Strahlung besitzt genügend Energie, um Materie zu ionisieren, d. h. um Elektronen abzulösen. Dazu zählen **Röntgenstrahlung**, **γ-Strahlung** sowie **kosmische Strahlung**. Ultraviolette Strahlung gehört dagegen zu den **nicht-ionisierenden Strahlungen**.

■ CHECK-UP
- ☐ Wie groß ist die Lichtgeschwindigkeit im Vakuum?
- ☐ Welche Wellenlängen haben die Farben des sichtbaren Lichtes?
- ☐ Wie hängen Frequenz, Wellenlänge und Energie elektromagnetischer Strahlung zusammen?

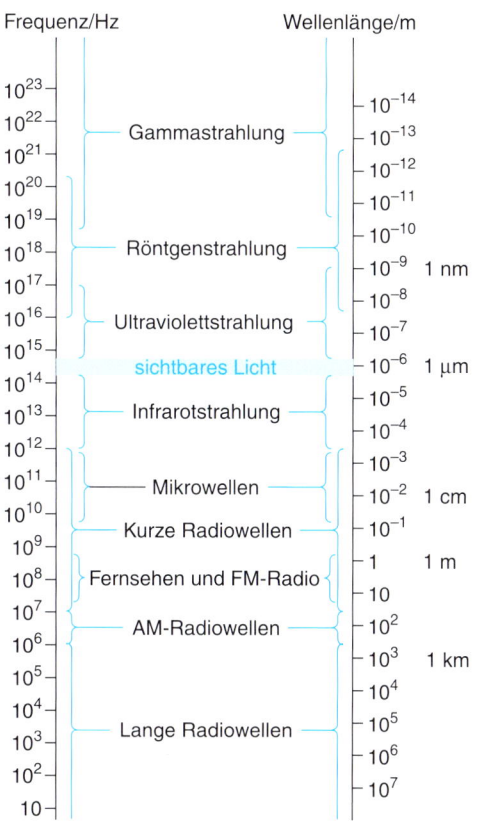

Abb. 6.5 Das elektromagnetische Spektrum

Und jetzt üben mit den wichtigsten IMPP-Fragen:
http://www.mediscript-online.de/Fragen/Wenisch_Kap06
(Anleitung zum Einloggen s. Buchdeckel-Innenseite).

7 Optik

- Licht 69
- Geometrische Optik 70
- Wellenoptik 76

Licht

Eigenschaften

Licht ist der sichtbare Teil des elektromagnetischen Spektrums. Es hat die Eigenschaften:
- Wellenlänge: $\lambda = 400 - 760\,nm$
- Geschwindigkeit (im Vakuum): $c = 3 \cdot 10^8\,m/s$
- Energie: $E = h \cdot f$.

Die Natur des Lichts lässt sich nicht eindeutig festlegen. Es zeigt sich einmal wie eine Welle, ein anderes Mal wie ein Teilchen.

Temperaturstrahlung

Jeder Körper mit Temperatur oberhalb des absoluten Nullpunkts sendet elektromagnetische Strahlung aus. Bei hohen Temperaturen liegt diese Strahlung im sichtbaren Bereich. Die Strahlungsleistung ist proportional zur **vierten Potenz der Temperatur.**

Fotoeffekt

Nur durch den Teilchencharakter des Lichts erklärbar ist der Fotoeffekt, auch **äußerer lichtelektrische Effekt** genannt: Licht löst aus einem Metall Elektronen heraus. Dazu muss die für jedes Metall typische Austrittsarbeit W_a aufgebracht werden.
Der Fotoeffekt ist frequenzabhängig. Ab einer Grenzfrequenz f_g können Elektronen ausgelöst werden. Es gilt

$$h \cdot f_g = W_a$$

In der Regel wird der Fotoeffekt erst bei blauem oder ultraviolettem Licht beobachtet.

Lichtmessung

Fotometrische Größen

Bei Beschreibung einer Strahlungsquelle sind mehrere strahlungsphysikalische und lichttechnische Größen gebräuchlich. Die wichtigsten sollen hier genannt werden:

- die **Strahlungsenergie W,** angegeben in Joule (J),
- die **Strahlungsleistung P,** angegeben in Watt (W),
- die **Strahlungsstärke** Ψ gibt die pro Raumwinkel abgegebene Leistung in der Einheit Watt pro Steradiant (W/sr) an,
- die **Strahlungsintensität** Φ ist dagegen definiert als Leistung pro Flächeneinheit, angegeben als Watt pro Quadratmeter (W/m²).
- die **Bestrahlung H** ist die Energie pro Flächeneinheit, ausgedrückt in Joule pro Quadratmeter (J/m²).

In der Beleuchtungstechnik wird auch die vom spektralen Empfindlichkeitsverlauf des menschlichen Auges abhängige, subjektive Wahrnehmungsqualität berücksichtigt.

Die Lichtstärke Ψ_L, gemessen in der **Candela (Cd)** (lat.: Kerze), ist eine im internationalen Einheitensystem festgelegte Basisgröße.

Der genauen Definition der Einheit **Candela** liegt das spektrale Empfindlichkeitsmaximum des menschlichen Auges bei einer Wellenlänge von 555 nm zugrunde.

Für eine ideale, punktförmige Strahlungsquelle verteilt sich die abgestrahlte Energie bzw. abgegebene Leistung gleichmäßig auf alle Raumrichtungen. Strahlungsstärke und Strahlungsintensität nehmen beide mit dem **Quadrat der Entfernung** ab.

Das Fotometer

Ein wichtiges Messinstrument in der chemischen Analytik ist das Fotometer. Dabei wird die

7 Optik

Schwächung des Lichts beim Durchgang durch Materie benutzt, um die Konzentration einer Substanz in einer Lösung zu bestimmen. Eine Fotozelle misst die Intensität I eines Lichtstrahls nach dem Durchgang durch eine Probe; als Referenz den Wert I_0 ohne Probe. Das Verhältnis beider Intensitäten ist die üblicherweise in Prozent angegebene **Transmission:**

$$T = \frac{I}{I_0}$$

Die beim Fotometer wichtigste Messgröße ist die über den Logarithmus definierte **Extinktion E:**

$$E = -\log\left(\frac{I}{I_0}\right) = -\log(T)$$

Die Extinktion ist eine dimensionslose Zahl.

Die **spezifische Extinktion** einer Substanz ist abhängig von der Wellenlänge. So hat ein blauer Farbstoff eine niedrige Extinktion für blaues Licht. Für alle anderen Farben hat die Extinktion einen höheren Wert, denn diese Wellenlängen werden absorbiert.

Gesetz von Lambert-Beer

Das Gesetz von Lambert-Beer beschreibt den Zusammenhang zwischen der Extinktion und der Konzentration eines Stoffs in der Messlösung:

$$E = \varepsilon_m \cdot c \cdot d$$

- c: die Konzentration des Stoffs,
- d: die Dicke der durchstrahlten Schicht
- ε_m: der molare Extinktionskoeffizient des untersuchten Stoffs.

■ CHECK-UP

☐ Welche fotometrische Größe ist Basisgröße des internationalen Einheitensystems?
☐ Welches Abstandsgesetz gilt für eine punktförmige Lichtquelle?
☐ Welchen Wert hat die Extinktion, wenn $I/I_0 = 1/100$ beträgt?

Geometrische Optik

Die geometrische Optik geht von der vereinfachenden Betrachtung aus, dass sich das Licht stets geradlinig in Form von **Strahlen** ausbreitet. Die Strahlen ändern an der Grenzfläche zweier optischer Medien ihre Richtung.

■ Reflexion

Licht wird an einer spiegelnden Oberfläche reflektiert. Nach dem Reflexionsgesetz ist der Einfallswinkel α_1 zwischen auftreffendem Lichtstrahl und dem senkrecht auf der Oberfläche stehenden Einfallslot gleich dem Ausfallswinkel α_2 zwischen Einfallslot und reflektiertem Strahl.

$$\alpha_1 = \alpha_2$$

Eine Abbildung an einem ebenen Spiegel wird durch Verlängerung die reflektierten Strahlen auf die rückwärtige Seite des Spiegels konstruiert (→ Abb. 7.1).

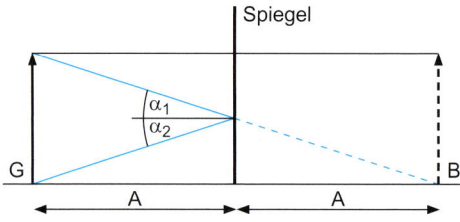

Abb. 7.1 Reflexion an einem Spiegel

■ Lichtbrechung

Die Geschwindigkeit des Lichts ist in Materie geringer als die Lichtgeschwindigkeit c_0 im Vakuum.

$$c = \frac{c_0}{n}$$

Brechungsindex n
Die materialspezifische Größe n wird als Brechungsindex, Brechzahl oder optische Dichte eines Mediums bezeichnet. Im Vakuum und praktisch auch für Luft ist n = 1. Der Brechungsindex von Wasser beträgt n = 1,33. Für Glas liegt er, abhängig von der Glassorte, im Bereich von etwa n = 1,45–1,65.

Die Frequenz einer Welle bleibt beim Übergang von einem in ein anderes Medium unverändert. Es gilt immer $c = \lambda \cdot f$, die Wellenlänge ändert sich im gleichen Verhältnis wie die Geschwindigkeit.

$$\lambda = \frac{\lambda_0}{n}$$

Die Richtung eines Lichtstrahls ändert sich an der Grenze zweier lichtdurchlässiger Medien, er wird gebrochen (→ Abb. 7.2).

Brechungsgesetz
Für den Übergang von einem Medium mit der Brechzahl n_1 in ein Medium mit der Brechzahl n_2 sagt das Brechungsgesetz:

$$n_1 \cdot \sin \alpha = n_2 \cdot \sin \beta$$

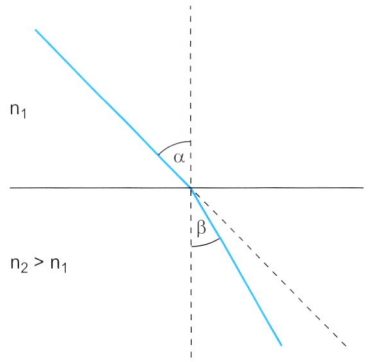

Abb. 7.2 Lichtbrechung

Beim Übergang von einem optisch dünneren in ein optisch dichteres Medium wird der Lichtstrahl zum Einfallslot hin gebrochen. Beim Übergang vom optisch dichteren in das dünnere Medium wird der Strahl vom Einfallslot weggebrochen.

Totalreflexion
Der Übergang in ein Medium mit größerer optischer Dichte ist bei jedem Einfallswinkel möglich. Wird aber beim Übergang vom optisch dichteren in das dünnere Medium ein bestimmter Grenzwinkel überschritten, tritt **Totalreflexion** auf. Der Lichtstrahl kann das dichtere Medium nicht verlassen und wird an der Grenzfläche vollständig in das optische dichtere Medium zurückgeworfen.

- Beim Durchgang durch eine planparallele Glasplatte wird das Licht beim Eintritt und beim Austritt gebrochen (→ Abb. 7.3). Beide Richtungsänderungen kompensieren sich und insgesamt wird der Lichtstrahl um einen kleinen Betrag parallel versetzt.
- Beim **Prisma** kompensieren sich die Richtungsänderungen dagegen nicht und der Strahl wird aus seiner ursprünglichen Richtung abgelenkt.

Dispersion
Der Brechungsindex eines Mediums ist abhängig von der Wellenlänge des Lichts. Dieses Phänomen wird als **Dispersion** bezeichnet. Deshalb kann weißes Licht an einem Prisma in seine Spektralfarben aufgetrennt werden.

Dispersion: Blaues Licht wird stärker gebrochen als rotes Licht.

■ Die Linse

Eine Linse wird gezeichnet, indem ein Kreisbogen mit dem Krümmungsradius r um den Brennpunkt gezogen wird. Die Brennweite f der Linse ist der Abstand vom Brennpunkt zur Mittelebene der Linse. Allerdings ist für **dünne Linsen** deren Dicke gegenüber ihrer Brennweite vernachlässigbar, sodass hier Krümmungsradius und Brennweite gleichgesetzt werden.

Sphärische Linse
Die Oberfläche einer sphärischen Linse ist geformt wie der Ausschnitt aus einer Kugeloberflä-

7 Optik

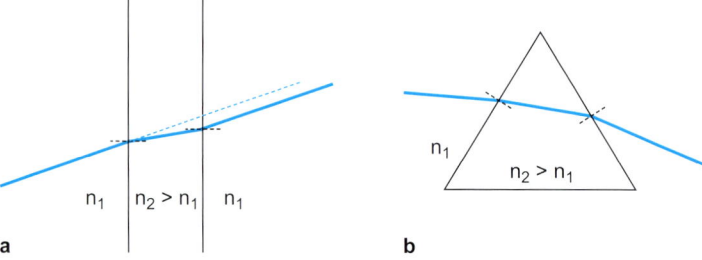

Abb. 7.3 Strahlengang an einer planparallelen Platte (a) und an einem Prisma (b)

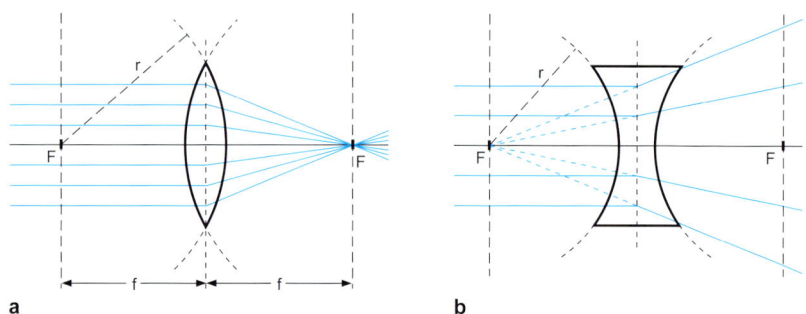

Abb. 7.4 Strahlengang einer konvexen (a) und einer konkaven Linse (b)

che. Der Radius der Kugelschale entspricht der **Krümmungsradius** der Linse.
- Die **konvexe** Oberfläche einer **Sammellinse** wird beim Blick von außen,
- die **konkave** Oberfläche von **Zerstreuungslinsen** beim Blick von innen auf einen Kugelabschnitt sichtbar.

Zylindrische Linse
Sie ist wie die Mantelfläche eines Zylinders nur in eine Richtung gekrümmt. Die **optische Achse** geht durch den Mittelpunkt der Linse und steht senkrecht auf ihrer Mittelebene.
- Der **Brennpunkt F** (Focus) liegt auf der optischen Achse.
- Die **Brennebene** liegt parallel zur Linsenebene, sie steht im Brennpunkt senkrecht auf der optischen Achse.

Strahlengang
Das Licht wird zwar an der Vorder- und Rückseite der Linse gebrochen, aber in einer vereinfachten Darstellung des Strahlengangs werden diese beiden Brechungen nicht einzeln betrachtet, sondern die einfallenden Strahlen bis zur Mittelebene der Linse verlängert (→ Abb. 7.4):
- Ein zur optischen Achse paralleles Strahlenbündel wird von einer Sammellinse auf der gegenüberliegenden Seite im Brennpunkt vereinigt.
- Fällt ein paralleles Strahlenbündel schräg zur optischen Achse auf eine Sammellinse, treffen sich die Strahlen in einem Punkt der gegenüberliegenden Brennebene außerhalb des Brennpunkts.
- Der Strahlengang an einer Linse ist grundsätzlich umkehrbar. Befindet sich eine Lichtquelle im Brennpunkt einer konvexen Linse, verlaufen die Strahlen der anderen Seite der Linse parallel.
- Eine konkave Linse zerstreut ein parallel einfallendes Strahlenbündel. Die Öffnung des gebildeten Strahlenkegels lässt sich als Verlängerung der Verbindungslinie von der Mittelebene der Linse zum Brennpunkt auf der Einfallsseite konstruieren (→ Abb. 7.4b).

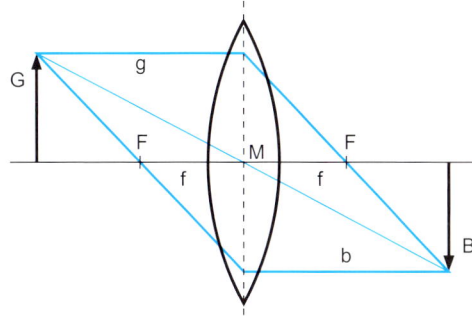

Abb. 7.5 Bildkonstruktion an einer Sammellinse

Brechkraft

Die Brechkraft ϕ oder Brechwert einer Linse ist als der Kehrwert ihrer Brennweite definiert:

$$\phi = \frac{1}{f}$$

- Einheit: **Dioptrie (dpt),** 1 dpt = 1 m^{-1}.
- Brechkraft wird für Sammellinsen positiv und für Zerstreuungslinsen negativ gezählt.
- Werden mehrere Linsen hintereinander zu einem **Linsensystem** angeordnet, errechnet sich der Gesamtbrechwert durch Addition der einzelnen Dioptrienzahlen.

Bildkonstruktion

Ein Gegenstand der Größe G ist eine als Gegenstandsweite g bezeichnete Strecke von einer Sammellinse entfernt. Die Abbildung wird konstruiert (→ Abb. 7.5):
- Achsenparallele Strahlen gehen auf der gegenüberliegenden Seite durch den Brennpunkt.
- Ein Strahl durch den Mittelpunkt der Linse wird nicht gebrochen.
- Ein durch den Brennpunkt einfallender Strahl verlässt die Linse parallel zur optischen Achse.

Jeweils zwei dieser Strahlen genügen zur Bildkonstruktion, der dritte kann zur Kontrolle zusätzlich gezeichnet werden.
Auf der gegenüberliegenden Linsenseite schneiden sich die Strahlen in der Spitze des Bilds B. Dessen Entfernung von der Linse ist die Bildweite b.
In → Abbildung 7.5 entsteht ein **reelles Bild.** Ein reelles Bild kann auf eine Mattscheibe oder Leinwand projiziert und von dort betrachtet werden.

Das Bild steht gegenüber dem Gegenstand auf dem Kopf und ist seitenverkehrt.

Lage und Größe des Bilds können mit den **Linsenformeln** berechnet werden. Gegenstandsweite g, Bildweite b und Brennweite f stehen im Zusammenhang:

$$\frac{1}{g} + \frac{1}{b} = \frac{1}{f}$$

Bildgröße B und Gegenstandsgröße G stehen im Verhältnis:

$$\frac{B}{G} = \frac{b}{g}$$

B/G gibt den Abbildungsmaßstab bzw. die Vergrößerung an.

Die folgenden Fälle werden unterschieden und lassen sich leicht merken:
- Der Gegenstand steht genau in der doppelten Brennweite vor der Linse, g = 2·f, dann entsteht ein gleich großes Bild (B = G) ebenfalls in der Entfernung b = 2·f.
- Bei einer Gegenstandsweite zwischen einfacher und doppelter Brennweite entsteht ein vergrößertes Bild außerhalb der doppelten Brennweite.
- Liegt die Gegenstandsweite außerhalb der doppelten Brennweite, entsteht ein verkleinertes Bild zwischen einfacher und doppelter Brennweite.
- Befindet sich der Gegenstand innerhalb der einfachen Brennweite, divergieren die Strahlen auf der anderen Seite der Linse. Es entsteht nur ein virtuelles Bild (→ Abb. 7.6). Die

7 Optik

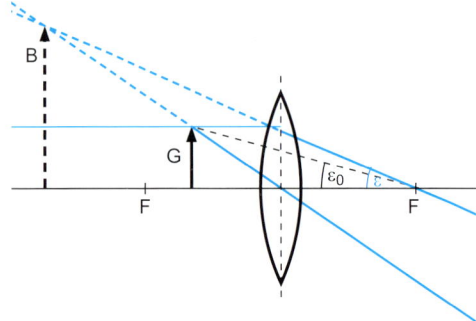

Abb. 7.6 Strahlengang an der Lupe

Berechnung mit den Linsenformeln ergibt einen negativen Wert für b.
- Steht der Gegenstand genau in der einfachen Brennweite, verlassen die Strahlen die Linse parallel. Das virtuelle Bild entsteht im Unendlichen. Die Anwendung der Linsenformeln führt in diesem Fall zu keinem sinnvollen Ergebnis.

Akkommodation
Die Einstellung des Auges auf unterschiedliche Entfernungen heißt Akkommodation. Die **Akkommodationsbreite A** des Auges lässt sich mit einer leichten Abwandlung der Linsenformel berechnen:

$$A + \frac{1}{b} = \frac{1}{f}$$

Dabei ist f der Abstand des Nahpunktes des Auges und b der Abstand des Fernpunkts, jeweils angegeben in m.
Rückt der Fernpunkt ins Unendliche, wird daraus:

$$A = \frac{1}{f}$$

So wäre für minimale deutliche Sehweite von 25 cm:

$$A = \frac{1}{0{,}25 m} = 4 D$$

Abbildungsfehler
Es werden zwei Arten von Abbildungsfehlern unterschieden: die sphärische und die chromatische Aberration.

Sphärische Aberration. Die Regeln zur Bildkonstruktion sind Näherungen, die nur für dünne Linsen und nahe der optischen Achse verlaufende Strahlen gelten. Da diese Voraussetzungen nicht immer vollständig erfüllt sind, treten Abbildungsfehler auf.

Chromatische Aberration. Aufgrund der Dispersion, d. h. der Frequenz- bzw. Wellenlängenabhängigkeit der Lichtbrechung, sind die Brennweiten für die einzelnen Lichtfarben unterschiedlich. Jede Linse weist daher chromatische Fehler auf.

■ Lupe
Eine Lupe erzeugt ein **virtuelles Bild** (→ Abb. 7.6).
Ein virtuelles Bild kann nicht projiziert werden, es entsteht erst im Auge des Betrachters. Das Auge bündelt die parallel oder leicht divergent einfallenden Stahlen, sodass auf der Netzhaut das Bild entsteht.
Für die Bildkonstruktion wird eine Gegenstandsposition innerhalb der einfachen Brennweite gewählt. Der Mittelpunktstrahl und der Strahl durch den gegenüberliegenden Brennpunkt verlaufen divergent. Ihre rückwärtigen Verlängerungen schneiden sich in der Spitze des virtuellen Bilds. In der Realität wird ein Objekt mit dem entspannten, auf große Entfernung akkommodierten Auge betrachtet. Das Objekt steht genau in der Brennebene der Lupe. Die Strahlen verlassen die Lupe dann parallel und das Bild entsteht „im Unendlichen".

Das virtuelle Bild der Lupe steht aufrecht und ist vergrößert.
Die Vergrößerung V einer Lupe ist

$$V = \frac{d}{f}$$

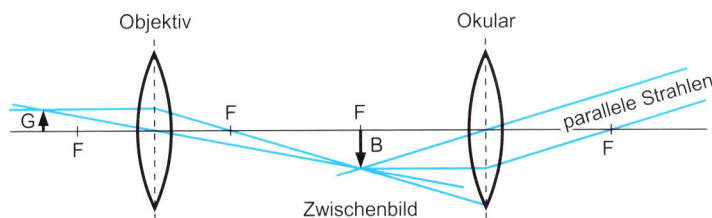

Abb. 7.7 Strahlengang des Mikroskops

Dabei ist d der Betrachtungsabstand und f die Brennweite der Lupe.
Als deutliche Sehweite bei entspanntem Auge gilt d = 25 cm.

Ein allgemeines Maß für die Abbildungsvergrößerung optischer Instrumente ist die **Sehwinkelvergrößerung** $\varepsilon/\varepsilon_0$. Der Sehwinkel ε unter Verwendung des Instruments wird mit dem Winkel ε_0 bei Betrachtung ohne Instrument verglichen.

■ Mikroskop

Im Wesentlichen besteht das Mikroskop aus einem **Objektiv** und einem **Okular**.
- Das Objektiv erzeugt ein **reelles Zwischenbild**.
- Das Zwischenbild ist umgekehrt und vergrößert. Es liegt in der Brennebene des Okulars.
- Das Okular wirkt wie eine Lupe.
- Die Strahlen verlassen das Okular parallel, das virtuelle Bild entsteht im Unendlichen.
- Die Gesamtvergrößerung ergibt sich aus der Multiplikation der Vergrößerungsfaktoren von Objektiv und Okular.

Die maximale Vergrößerung eines Mikroskops ist begrenzt. Sein **Auflösungsvermögen U** ist der Kehrwert der Distanz d zweier Punkte, die gerade noch getrennt abgebildet werden können.

$$U = \frac{1}{d}$$

Der kleinste im Mikroskop unterscheidbare Abstand ist:

$$d = \frac{\lambda}{n \cdot \sin\alpha}$$

α ist der Öffnungswinkel des Objektivs, n der Brechungsindex des Mediums zwischen Objekt und Objektiv. $n \cdot \sin\alpha$ wird als **numerische Apertur** des Objektivs bezeichnet.
Die maximal erreichbare Auflösung liegt beim Lichtmikroskop mit ca. 0,2 μm etwa bei der halben Wellenlänge des verwendeten Lichts.

■ Der sphärische Hohlspiegel

Der sphärische Hohlspiegel hat die Form eines Kugelausschnitts. Der Brennpunkt F liegt auf halbem Weg zwischen der Spiegelfläche und dem Krümmungsmittelpunkt.

Die Bildkonstruktion am Hohlspiegel ist mit der Bildkonstruktion an der Sammellinse vergleichbar.
- Achsenparallele Strahlen werden durch den Brennpunkt reflektiert.
- Ein Strahl durch den Krümmungsmittelpunkt wird in sich selbst reflektiert.
- Durch den Brennpunkt einfallende Strahlen verlassen den Spiegel parallel zur optischen Achse.
- Die Linsenformeln sind auf den sphärischen Hohlspiegel übertragbar.

■ CHECK-UP

☐ Wie ist der Brechwert einer Linse definiert? Welche Linsen haben positive, welche negative Brechwerte?
☐ Konstruieren Sie ein reelles und ein virtuelles Bild an einer Sammellinse.
☐ Nennen Sie die Linsenformeln.

7 Optik

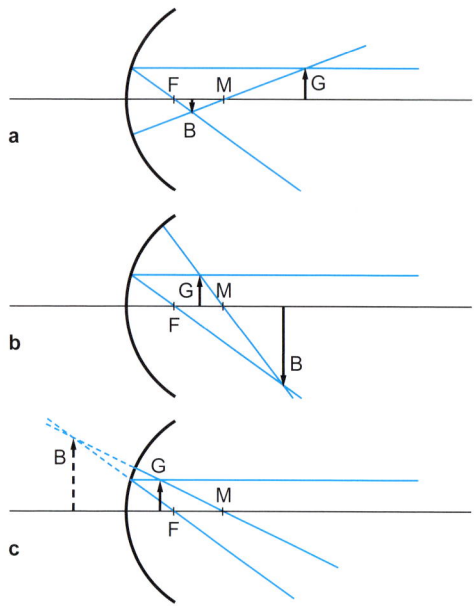

Abb. 7.8 Bild am sphärischen Hohlspiegel: (a) Gegenstand außerhalb der 2-fachen Brennweite, (b) Gegenstand zwischen 1-facher und 2-facher Brennweite, (c) Gegenstand zwischen Spiegel und Brennpunkt

Wellenoptik

Die Wellenoptik befasst sich mit Phänomenen, die nur durch den **Wellencharakter** des Lichts erklärbar sind.

Interferenz
Interferenz bezeichnet die Überlagerung mehrerer Wellen. Diese können sich, abhängig von ihrer Phasenbeziehung, verstärken oder bis hin zur gegenseitigen Auslöschung abschwächen. Interferenz tritt am Einzel- und Doppelspalt sowie am optischen Gitter auf.

Polarisiertes Licht
Licht ist, wie alle transversalen Wellen, polarisierbar. Bei polarisiertem Licht ist eine Schwingungsrichtung senkrecht zur Ausbreitungsrichtung ausgezeichnet.
Das Licht der Sonne oder das Licht einer Glühlampe ist **unpolarisiert,** d. h., hier ist keine Schwingungsrichtung bevorzugt.

Polarimetrie
Mit dem Messverfahren der **Polarimetrie** wird die Schwingungsrichtung des Lichts bestimmt. Zahlreiche biologisch wichtige Substanzen sind **optisch aktiv,** sie drehen die Polarisationsrichtung des einfallenden Lichts um einen Winkel α. Es werden rechtsdrehende und linksdrehende Substanzen unterschieden.

■ CHECK-UP
- ☐ Wovon hängen Vergrößerung und Auflösungsvermögen eines Mikroskops ab?
- ☐ Welche Abbildungsfehler kennen Sie?
- ☐ Welche Phänomene sind nur im Wellenbild des Lichts erklärbar?

Und jetzt üben mit den wichtigsten IMPP-Fragen:
http://www.mediscript-online.de/Fragen/Wenisch_Kap07
(Anleitung zum Einloggen s. Buchdeckel-Innenseite).

8 Ionisierende Strahlung

- Einteilung 77
- Radioaktivität 77
- Röntgenstrahlung 80
- Strahlendosis 81
- Strahlenwirkungen 82

Einteilung

Zur **ionisierenden Strahlung** zählen alle Strahlenarten, die in der Lage sind, in Materie genügend Energie zu übertragen, um dort Ionisationsprozesse auszulösen. Dazu zählen α-, β-, γ-, Röntgen-, Neutronen- und kosmische Strahlung. Weitere Unterscheidung:

Partikelstrahlung
Partikelstrahlung besteht aus Teilchen (= Teilchenstrahlung):

- α-Teilchen
- β-Teilchen (Elektronen, Positronen)
- Neutronen
- Ionen.

Elektromagnetische Strahlung
- Röntgenstrahlung,
- γ-Strahlung.

☐ Zwischen welchen Strahlungsarten unterscheidet man bei der ionisierenden Strahlung?

Radioaktivität

■ Der radioaktive Zerfall

Radioaktivität und radioaktiver Zerfall
Radioaktivität ist die Eigenschaft eines Atomkerns, sich spontan unter Aussendung von Strahlung, in den Kern eines anderen Elements umzuwandeln. Der ursprüngliche Kern wird als Mutterkern, der Neugebildete als Tochterkern bezeichnet.
Die Radioaktivität ist eine innere Eigenschaft bestimmter Nuklide, die sich durch keinerlei äußere Umstände wie Druck, Temperatur, elektrische oder magnetische Felder beeinflussen lässt.

Für ein radioaktives Nuklid lässt sich eine statistische Aussage treffen, wann welcher Anteil der Atomkerne zerfallen ist.
Das **Gesetz des radioaktiven Zerfalls** folgt einer exponentiellen Zeitabhängigkeit (→ Abb. 8.1):

$$N_{(t)} = N_0 \cdot \varepsilon^{-\lambda t}$$

- N_0 ist die Anzahl der Atomkerne zum Beginn des Beobachtungszeitraums bei t = 0.
- $N_{(t)}$ ist die nach der Zeit t noch vorhandene Anzahl.

8 Ionisierende Strahlung

- Die Zerfallskonstante λ hat einen für jedes radioaktive Nuklid spezifischen Wert.

$$\lambda = \frac{\ln(2)}{t_{1/2}}$$

Halbwertszeit
Die **Halbwertszeit** $t_{1/2}$ ist diejenige Zeit, nach der jeweils die Hälfte der Kerne zerfallen ist.
Die **mittlere Lebensdauer** τ eines Kerns ist die Zeitspanne, nach der noch der Anteil $e^{-1} = 0{,}37$ der Anzahl der Atomkerne vorhanden ist.

$$\tau = \frac{1}{\lambda} = \frac{t_{1/2}}{\ln(2)}$$

Die Anzahl der in einem Präparat vorhandenen radioaktiven Kerne ist nicht direkt messbar. Es lässt sich lediglich die Anzahl der in einem festgelegten Zeitintervall stattfindenden Zerfälle festlegen.

Die Ableitung des Zerfallsgesetzes nach der Zeit ergibt:

$$\frac{dN_{(t)}}{dt} = -\lambda \cdot N_0 \cdot e^{-\lambda t}$$

oder mit $\frac{dN_{(t)}}{dt} = A$ und $|-\lambda \cdot N_0| = A_0$

$$A_{(t)} = A_0 \cdot e^{-\lambda t}$$

Aktivität
Die **Aktivität A** eines radioaktiven Präparats gibt die Anzahl der Zerfälle pro Sekunde an.
- Einheit: das **Becquerel (Bq)**,
  1 Bq = 1 Zerfall/s.

- Früher wurde die Aktivität in der Einheit Curie (Ci) angegeben.
- 1 Ci = $3{,}7 \cdot 10^{10}$ Bq ist die Aktivität eines Gramms ^{226}Ra.

■ Die Zerfalls- und Strahlungsarten

Je nach Art des radioaktiven Zerfalls wird eine andere Strahlung emittiert (→ Abb. 8.2).

Alpha-Zerfall
Im Inneren des Atomkerns formiert sich aus zwei Protonen und zwei Neutronen ein α-Teilchen. Es entspricht in seinem Aufbau dem ^{4}He-Kern.
Bei der Emission des α-Teilchens verringert der Mutterkern X_M seine **Massenzahl m** um 4 und seine **Protonenzahl p** um 2.

$$^{m}_{p}X_M \rightarrow {}^{m-4}_{p-2}X_T + \alpha$$

α-Zerfallsart tritt bei den Kernen schwerer Elemente auf, z. B.

$$^{226}_{88}\text{Ra} \rightarrow {}^{222}_{86}\text{Rn} + \alpha$$

der entstandene Radon-Tochterkern ist selbst wieder instabil und zerfällt unter α-Emission weiter.

Beta-Zerfall
Als Beta-Teilchen werden Elektronen und ihre Anti-Teilchen, die Positronen, bezeichnet. Es wird in β⁻- und β⁺-Zerfall unterschieden.
β⁻-Zerfall
Bei zu großem Neutronenüberschuss wandelt sich im Kern ein Neutron in ein Proton und ein Elektron um.

$$n \rightarrow p + e^- + \bar{\nu}$$

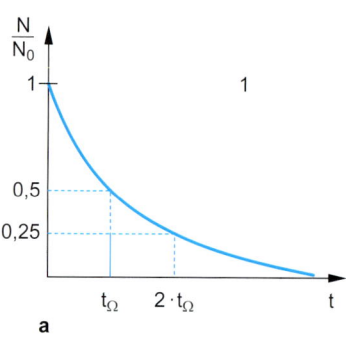

a

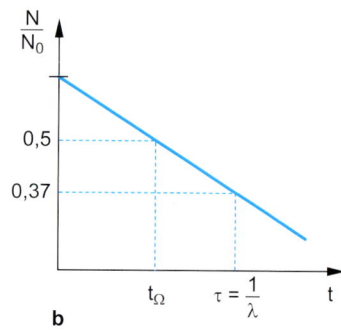

b

Abb. 8.1 Das radioaktive Zerfallsgesetz in halblogarithmischer (a) und linearer (b) Darstellung

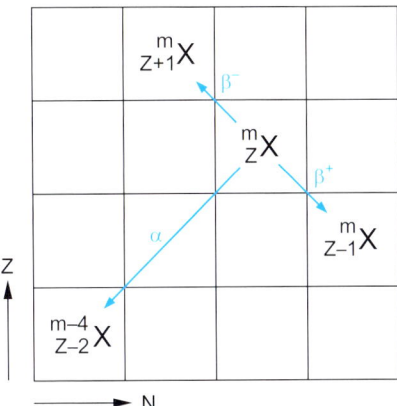

Abb. 8.2 Änderung der Kernladungszahl Z und der Neutronenzahl N beim α- und β-Zerfall

Der β-Zerfall ist ein „3-Teilchen-Zerfall". Die Energiebilanz wird vervollständigt von dem Anti-Neutrino $\overline{\nu}$, einem ungeladen Teilchen mit der Ruhemasse 0.

β⁻-Zerfall
Die Massenzahl des Kerns bleibt unverändert, seine Ordnungszahl steigt um 1.

$$^{m}_{p}X_M \rightarrow {}^{m}_{p+1}X_T + e^- + \overline{\nu}$$

Beispiel:

$$^{14}_{6}C \rightarrow {}^{14}_{7}N + e^- + \overline{\nu}.$$

β⁺-Zerfall
Besitzt ein Nuklid zu viele Protonen, wandelt sich ein Proton in ein Neutron und ein Positron um.

$$p \rightarrow n + e^+ + \nu$$

Das Neutrino ν ist hier das dritte Teilchen. Das Positron e⁺ trägt eine positive Elementarladung $+1{,}6 \cdot 10^{-19}$ C und besteht aus Antimaterie. Es ist das Anti-Teilchen des Elektrons.

Treffen ein Elektron und ein Positron aufeinander, so vernichten sie sich gegenseitig und es entstehen zwei elektromagnetische Strahlungsquanten mit einer Energie von jeweils 511 keV, die im Winkel von 180° zueinander ausgestrahlt werden.

β⁺-Zerfall
Die Massenzahl des Nuklids bleibt konstant. Die Ordnungszahl nimmt um 1 ab.

$$^{m}_{p}X_M \rightarrow {}^{m}_{p-1}X_T + e^+ + \nu$$

Beispiel:

$$^{13}_{7}N \rightarrow {}^{13}_{6}C + e^+ + \nu.$$

Es sind derzeit 112 Elemente mit insgesamt mehr als 2.700 natürlichen oder künstlich erzeugten Isotopen bekannt. Diese lassen sich in einer Nuklidkarte darstellen, in der auch die Zerfallsarten sowie die Energien der am häufigsten emittierten Strahlungsarten für jedes Nuklid vermerkt sind. Die Nuklidkarte ist ein Raster, bei dem auf der vertikalen Achse die **Kernladungszahl Z** und auf der horizontalen Achse die Neutronenzahl eines Kerns aufgetragen wird. Wie sich die Elementumwandlung beim radioaktiven Zerfall in der Nuklidtafel darstellt, zeigt ➔ Abbildung 8.2.

Gamma-Zerfall
γ-Strahlung ist eine hochenergetische, elektromagnetische Strahlung.
Nach einer Kernumwandlung befindet sich der Tochterkern in einem energiereichen, angeregten Zustand. Beim Übergang in den Grundzustand gibt er seine Anregungsenergie in Form elektromagnetischer Strahlung ab.
Der Vorgang ist mit der Energieabgabe angeregter Elektronen durch Strahlungsemission vergleichbar. Die Energien des Atomkerns sind jedoch um ein Vielfaches größer als die der Elektronenhülle.

8 Ionisierende Strahlung

> **■ CHECK-UP**
>
> ☐ Auf welchen Bruchteil ist die Aktivität eines radioaktiven Präparats nach 2, 5 oder 10 Halbwertszeiten abgefallen?
> ☐ Nennen Sie die drei Arten des radioaktiven Zerfalls. Wie ändert sich dabei Ordnungs- und Massenzahl?
> ☐ Wie entsteht γ-Strahlung?

Röntgenstrahlung

In einer Röntgenröhre treten Elektronen aus einer Glühkathode aus und werden im elektrischen Feld in Richtung der Anode beschleunigt (→ Abb. 8.3). Beim Durchlaufen der Spannung U gewinnen die Elektronen die Energie

$$W = e \cdot U$$

Daraus ergibt sich die in der Kern- und Atomphysik gebräuchliche Energieeinheit **Elektronenvolt (eV)**.

> Ein Elektron, das die Spannungsdifferenz 1 Volt durchläuft, gewinnt dabei die Energie $1\,\text{eV} = 1{,}6 \cdot 10^{-19}\,\text{J}$.
> Die **Elektronenenergie**, angegeben in eV, hat den gleichen Zahlenwert wie die Beschleunigungsspannung.

- Beim Aufprall der Elektronen auf die Anode entsteht **elektromagnetische Strahlung**, die sogenannte **Bremsstrahlung**.
- Von der in alle Richtungen emittierten Strahlung ist nur der zum Austrittsfenster der Röntgenröhre gerichtete Anteil als **Nutzstahl** verwendbar.
- Es ist rein zufällig, welchen Anteil seiner Energie ein Elektron in elektromagnetische Strahlung und welchen Anteil es über Stoßprozesse in Wärme umsetzt.
- Das typische Spektrum der Bremsstrahlung besitzt eine kontinuierliche Wellenlängenverteilung mit einer definierten unteren Grenze $\lambda_{\min}$ (→ Abb. 8.4).
- Die höchste Photonenenergie wird erreicht, wenn das Elektron seine gesamte kinetische Energie als Bremsstrahlung abgibt:

$$e \cdot U = h \cdot f$$

Mit $f = c/\lambda$ ergibt sich für die minimale Wellenlänge:

$$\lambda_{\min} = \frac{h \cdot c}{e \cdot U}$$

Anodenstrom und Anodenspannung sind getrennt voneinander einstellbar.

- Der **Anodenstrom** beeinflusst die **Strahlungsintensität** (Quantität): Treten mehr Elektronen aus der Kathode aus, werden auch mehr Röntgenphotonen erzeugt. Die Strahlungsintensität steigt, die Strahlenqualität (d. h. die Energieverteilung der einzelnen Photonen) bleibt aber unverändert.

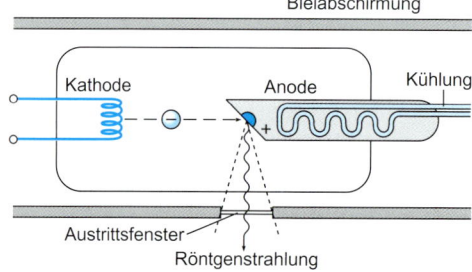

Abb. 8.3 Aufbau einer Röntgenröhre. Die Elektronen treten aus der Kathode aus und erzeugen beim Auftreffen auf die Anode Röntgenstrahlung

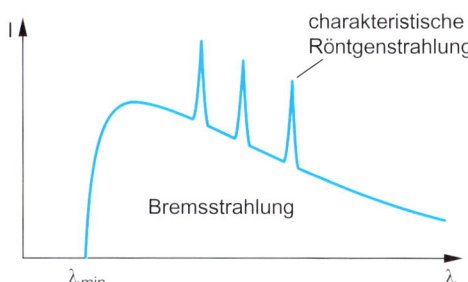

Abb. 8.4 Emissionsspektrum einer Röntgenröhre, gezeigt ist die Intensität I abhängig von der Wellenlänge λ

- Von der **Anodenspannung** hängt die **Strahlungsqualität** ab. Bei höherer Anodenspannung erhalten die Elektronen eine größere kinetische Energie und können energiereichere Photonen erzeugen. Man spricht dann von einer „härteren" Strahlung.
In der Röntgendiagnostik werden die Geräte mit einer Spannung von etwa 100 kV betrieben. Ausnahme ist die Mammographie, wo „weiche" Röntgenstrahlung von ca. 25 keV verwendet wird.

Dem Bremsstrahlungsspektrum sind die scharfen Linien der **charakteristischen Röntgenstrahlung** überlagert. Wird ein Elektron aus den inneren Schalen der Atome des Anodenmaterials herausgeschlagen und der frei gewordene Platz in der Elektronenhülle anschließend neu besetzt, so wird die frei werdende Bindungsenergie als elektromagnetische Strahlung emittiert. Die Wellenlänge der emittierten Strahlung ist charakteristisch für das jeweilige Anodenmaterial.

■ CHECK-UP

☐ Wie wird Röntgenstrahlung erzeugt?
☐ Wie ändert sich das Emissionsspektrum einer Röntgenröhre bei Änderung der Anodenspannung?

 ## Strahlendosis

Ionisierende Strahlung wird durch ihre Wechselwirkungen mit Materie nachgewiesen. Geeignete Strahlungsmessgeräte sind:
- **Ionisationskammer:** Es werden Ionen gebildet; ein zur Strahlungsenergie proportionaler Stromfluss ist messbar.
- **Geiger-Müller Zähler:** Das Grundprinzip beruht auf dem einer Ionisationskammer. Nur liefert der Geiger-Müller Zähler für jedes Zählereignis einen Impuls. Auf die Energie der Strahlung kann nicht rückgeschlossen werden.
- **Szintillationszähler:** In Szintillatorsubstanzen, wie z. B. NaJ- oder CsJ-Kristallen, werden durch ionisierende Strahlung Elektronen angeregt. Beim Übergang in den Grundzustand werden Photonen ausgesandt. Die Zahl der im Szintillator gebildeten Photonen ist proportional zur Strahlungsenergie.
- **Filmdosimeter:** Hier wird ein Film durch ionisierende Strahlung geschwärzt. Die **Dosimetrie** erfasst die Wirkung ionisierender Strahlung quantitativ. Dabei werden diese Dosisbegriffe unterschieden: Energiedosis, Ionendosis, Äquivalentdosis.

■ Energiedosis

Die **Energiedosis D** ist die in einem Körper durch die Strahlung übertragene Energie E, bezogen auf die Masse m des Körpers:

$$D = \frac{E}{m}$$

8 Ionisierende Strahlung

SI-Einheit: das **Gray (Gy)**, 1 Gy = 1 J/kg.
Die Dosisrate gibt eine Information darüber, in welcher Zeit eine gegebene Dosis akkumuliert wird.

$$\dot{D} = \frac{dD}{dt}$$

Die Energiedosisrate wird in Gy/s angegeben.

■ Ionendosis

Die **Ionendosis** D_I wird definiert als die pro Masseneinheit m gebildete Ladung Q:

$$D_I = \frac{Q}{m}$$

Einheit: C/kg.
Ist der Energiebetrag bekannt, der für jede Ionisation aufgebracht werden muss, so kann aus der gemessenen Ionendosis die Energiedosis berechnet werden.
Es lässt sich auch eine Ionendosisrate $\dot{D}_I$ in der Einheit $\frac{C}{kg \cdot s}$ angeben.

■ Äquivalentdosis

Die **Äquivalentdosis H** berücksichtigt das unterschiedliche Gefährdungspotenzial der einzelnen Strahlenarten auf den Menschen.
Die Werte der Energiedosis werden mit einem **Qualitätsfaktor q** multipliziert.

$$H = q \cdot D$$

SI-Einheit: das **Sievert (Sv)**, 1 Sv = 1 J/kg.
Der Qualitätsfaktor q beträgt für:
- Röntgen, α- und β-Strahlung: 1
- Neutronen: 10
- γ-Strahlung: 20

Die Äquivalentdosisrate wird in Sv/s oder bezogen auf andere Zeiteinheiten auch in Sv/h oder Sv/a angegeben.

Strahlungsquellen sind in der Regel Punktquellen. Deshalb gilt für Energie-, Ionen- und Äquivalentdosisrate ein quadratisches Abstandsgesetz.

$$\sim \frac{1}{r^2}$$

Doppelter Abstand → 1/4 Dosisrate.

■ CHECK-UP
- ☐ Worin unterscheiden sich Energie- und Äquivalentdosis?

Strahlenwirkungen

■ Partikelstrahlung

Partikelstrahlung gibt ihre Energie in der Materie durch Stoßprozesse sowie Anregung und Ionisation ab. Die Strahlungsteilchen haben eine definierte, von ihrer Energie abhängige Reichweite:
- **α-Strahlung** wird rasch abgebremst. In Luft beträgt die Reichweite einige Zentimetern, in Wasser nur wenige μm.
- **Elektronen** haben in Wasser und damit auch im menschlichen Gewebe eine Reichweite von etwa 0,5 cm/MeV. Ein wenige Millimeter dickes Metallblech kann Elektronenstrahlung praktisch völlig abschirmen.
- **Neutronen** übertragen besonders viel Energie bei einem Zusammenstoß mit einem gleich schweren Partner, dem Proton. Zur Abschirmung eignen sich deshalb wasserstoffreiche Verbindungen wie Paraffin.

■ Photonenstrahlung

Elektromagnetische Strahlung zeigt nicht nur Wellen-, sondern auch Teilcheneigenschaften. Das **Photon** ist das „Strahlungsteilchen" der elektromagnetischen 31Strahlung.
Mögliche Wechselwirkungen von Photonenstrahlung mit Materie sind (→ Abb. 8.5):
- **Fotoeffekt:** das Photon wird von einem Elektron absorbiert und überträgt diesem seine gesamte Energie.
Der Fotoeffekt ist die dominierende Wechselwirkung für Photonenenergien bis 200 keV.

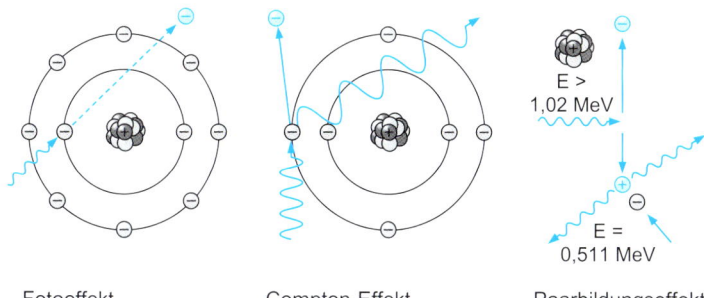

Fotoeffekt　　　　Compton-Effekt　　　Paarbildungseffekt

Abb. 8.5 Wechselwirkungen von Photonenstrahlung mit Materie

- **Compton-Effekt:** das Photon überträgt nur einen Teil seiner Energie auf das Elektron. Nach dem Zusammenstoß hat das Photon eine größere Wellenlänge bzw. geringere Frequenz.
Der Compton-Effekt tritt bei Photonenenergien zwischen 100 keV und 10 MeV auf.
- **Paarbildung:** ein Photon erzeugt ein Elektronen-Positronen-Paar. Es ist mindestens die Energie 2 × 511 keV = 1,022 MeV erforderlich. Für Photonenenergien > 10 MeV ist die Paarbildung der dominierende Effekt.

Photonenstrahlung hat keine scharf begrenzte Reichweite. Die Intensität nimmt exponentiell mit der Eindringtiefe ab.

Die Intensität I_0 verringert sich hinter einem Absorber der Schichtdicke d auf

$$I = I_o \cdot e^{-\mu d}$$

Der **lineare Schwächungskoeffizient μ** ist eine Materialkonstante. Er hat die Einheit m^{-1}.

Nach der Schichtdicke d = 1/μ ist die Strahlungsintensität auf den Anteil e^{-1} = 0,37 abgefallen. Nach der **Halbwertsschichtdicke** $d_{1/2}$ ist die ursprüngliche Strahlungsintensität auf die Hälfte abgefallen.

$$d_{1/2} = \frac{\ln(2)}{\mu}$$

Da die Schwächung der Strahlung von der Dichte des Absorbermaterials abhängig ist, wird der Massenschwächungskoeffizient μ/ρ eingeführt.
Das Absorptionsvermögen steigt mit wachsender Ordnungszahl stark an. Stoffe mit hoher Ordnungszahl wie Blei (Z = 82) eigen sich deshalb gut für die Abschirmung von Röntgen- und γ-Strahlung.

■ CHECK-UP

☐ Welche Wechselwirkungen von Strahlung mit Materie kennen Sie? Welche sind bei einer Photonenenergie von 750 keV möglich?
☐ Welches Material hat die größere Halbwertsschichtdicke, Blei oder Aluminium?

Und jetzt üben mit den wichtigsten IMPP-Fragen:
http://www.mediscript-online.de/Fragen/Wenisch_Kap08
(Anleitung zum Einloggen s. Buchdeckel-Innenseite).

Register

A
A (Ampere) 48
Abszisse 11
Adhäsionskraft 26
Aggregatzustand 33
– Änderung 40
Akkommodation, Auge 74
Aktivität 78
Ampere (A) 48
Amperemeter 50
Anion 53
Ankathete 10
Anode 53
Äquivalentdosis 82
Aräometer 16
Arbeit 16
Archimedisches Prinzip 16
Atom 31
Atommodell, Bohrsches 32
ATPS-Bedingung 40
Auftriebskraft 16
Avogadro-Zahl 32

B
Bahngeschwindigkeit 19
Basisgröße 3
Becquerel (Bq) 78
Bernoulli-Gleichung 27
Beschleunigung 13
Bestrahlung 69
Beugung, Welle 63
Bewegungsenergie 17
Biegung 24
Bildkonstruktion, Linse 73
Bogenmaß 10
Bohrsches Atommodell 32
Boltzmann-Konstante 38
Bq (Becquerel) 78
Brechkraft, Linse 73
Brechung
– Licht 71
– Welle 63
Brechungsgesetz 71
Brechungsindex 71
Bruch 23
BTPS-Bedingung 39

C
cal (Kalorie) 36
Candela (Cd) 69
C (Coulomb) 45
Cd (Candela) 69
Celsius-Skala 35
Compton-Effekt 83
Cosinusfunktion 9

Coulomb
– (C) 45
– Gesetz 45

D
Dalton-Gesetz 39
dB (Dezibel) 64
Dehnung 23
– Feder 25
Dezibel (dB) 64
Diamagnetismus 56
Dichte 16
Dielektrizitätskonstante 45
Differenzenquotient 8
Differenzial 8
Diffusion 42
Dioptrie (dpt) 73
Dipol 47
Dipolmoment 47
Dispersion 71
– Welle 64
Doppler-Effekt 65
dpt (Dioptrie) 73
Drehimpuls 21
Drehmoment 20
Druck 21
– Flüssigkeit 22
– hydrostatischer 22
– Kolben 22
– Luft 22
– osmotischer 43

E
Ebene, schiefe 15
Effektivwert, Wechselspannung 58
e-Funktion 11
Einheitskreis 9
Einheitssystem, internationales 3
Elastizitätsmodul 24
Elektrizitätsleitung 53
Elektrolyse 53
Elektron 31
Elektronenvolt (eV) 80
Elementarteilchen 31
Elongation, Schwingung 61
Energie 17
– kinetische 17
– potenzielle 17
Energiedosis 81
Energieerhaltung 17
Entropie 37
Erdbeschleunigung 14
Erde
– Magnetfeld 56
– Masse 14
– Radius 14

85

Register

Euler-Zahl 11
eV (Elektronenvolt) 80
Exponentialfunktion 11
Extinktion 70

F
Faraday-Gesetze, Elektrizität 53
Faraday-Käfig 48
Farad (F) 52
Federkonstante 25
Fehler, Messen 5
Feld
– elektrisches 45
– magnetisches 55
Feldrichtung 45
Feldstärke, magnetische 55
Ferromagnetismus 56
F (Farad) 52
Filmdosimeter 81
Fläche 4
Fluidität 28
Flussdichte, magnetische 55
Flüssigkeit
– Druck 22
– Newton 28
– Reibung 15
Fotoeffekt, Licht 69
Fotometer 69
Frequenz 19
Funktion
– mathematische 8
– trigonometrische 9

G
Gas
– Edel- 32
– Gemisch 39
– ideales 38
– Inert- 39
– Leitfähigkeit 54
– reales 39
– Reibung 15
Gasdruck 36
Gaskonstante, universelle 38
Gastheorie, kinetische 38
Gaszustand 38
Gauß-Verteilung 6
Gegenvektor 2
Geiger-Müller Zähler 81
Gengenkathete 10
Geschwindigkeit 13
Gesetz
– Boyle und Mariotte 39
– Brechung 71
– Dalton 39
– Gay-Lussac 39
– Gravitation 14
– Hagen-Poiseuille 28
– Hebel 20
– Henry-Dalton 42

– Hooke 23
– Lambert-Beer 70
– Ohm 28
– radioaktiver Zerfall 77
– Stefan-Boltzmann 41
– Van't Hoff 43
Gewichtskraft 14
Gleichgewicht 20
Gleichstrom 48
Gleichung
– Bernoulli 27
– Nernst 54
– Van-der-Waals- 39
– Zustands-, Gase 38
Gleitreibung 15
Gravitationsgesetz 14
Gravitationskraft 14
Größe
– abgeleitete 4
– fotometrische 69
– magnetische 55
– physikalische 1
– skalare 2
– vektorielle 2

H
Haftreibung 15
Halbleiter 53
Halbwertszeit 11, 78
Hebelgesetz 20
Henry-Dalton-Gesetz 42
Henry (H) 57
Hertz (Hz) 19
H (Henry) 57
Höhenformel, barometrische 22
Hooke-Gesetz 23
– Dehnung 25
Hörschwelle, Schall 64
Huygens-Prinzip 63
Hydrostatisches Paradoxon 22
Hypotenuse 10
Hz (Hertz) 19

I
Impuls 18
Induktion 57
– magnetische 55
Induktivität 57
Inertgas 39
Influenz 47
Infraschall 64
Integral 9
Interferenz
– Licht 76
– Welle 63
Ion 32
Ionendosis 82
Ionisationskammer 81
Isobar 39

Isochor 39
Isolator 53
Isotherm 39
Isotop 31

J
J (Joule) 17
Joule (J) 17

K
Kalorie (cal) 36
Kalorimetrie 36
Kapazität 4
– elektrische 52
– Wärme 36
Kapillaraszension 26
Kapillarwirkung 26
Kathode 53
Kation 53
Kelvin-Skala 35
Kirchhoff-Gesetze
– Flüssigkeit 29
– Stromkreis 50
Knotenregel 29
Kohäsionskraft 26
Kolbendruck 22
Kompressibilität 25
Kompression 25
Kondensator 52
– RC-Glied 53
– Schaltung 52
– Wechselstromkreis 58
Konfidenzintervall 7
Konstante
– Avogadro 32
– Dielektrizität 45
– Gas-, universelle 38
– Gravitation 14
– Planck 66
Kontaktspannung 36, 54
Kontinuitätsbedingung 26
Konvektion, Wärme 41
Kraftstoß 18
Kraftübertragung, hydraulische 22
Kraftwirkung, magnetische 56
Kreisfrequenz 19
Kreuzprodukt 3

L
Ladung
– Atom 31
– elektrische 45
– elektrische, Magnetfeld 56
Lageenergie 17
Lambert-Beer-Gesetz 70
Länge, Basiseinheit 3
Längenausdehnung 36
Leistung 17
– elektrische 50

Leitfähigkeit 53
– Gas 54
– Vakuum 54
Leitwert 28
Licht 69
– Basiseinheit 3
– Fotoeffekt 69
– Messung 69
– polarisiertes 76
– Reflexion 70
Linse 71
– Bildkonstruktion 73
– Brechkraft 73
Logarithmus 11
Longitudinalwelle 62
Lorenzkraft 56
Luftdruck 22
Luftfeuchtigkeit 40
Lupe 74

M
Magnetfeld 55
Magnetisierbarkeit 56
Maschenregel 29
Masse 14
– Atom 32
– Basiseinheit 3
– Erde 14
Massendefekt 32
Maxwell-Boltzmann-Verteilung 38
Membranspannung 54
Messfehler 5
Messtoleranz 5
Mittelwert, arithmetischer 6
Molarität 42
Molmasse 32

N
Nernst-Gleichung 54
Neutron 31
Newton
– Flüssigkeit 28
– (N) 14
– Reibung 15
Newtonmeter (Nm) 20
Nm (Newtonmeter) 20
N (Newton) 14
Normalverteilung 6
Normbedingung 39
Nukleon 31
Nuklid 31
– mittlere Lebensdauer 78

O
Oberflächenspannung 25
Ohm-Gesetz 28
– Strom 49
Ohm-Widerstand 49
Optik, geometrische 70

87

Register

Ordinate 11
Osmose 42
Oszillograph 58

P
Pa (Pascal) 21
Paradoxon, hydrostatisches 22
Parallelschaltung 29
Paramagnetismus 56
Partikelstrahlung 77
– Wirkung 82
Pascal (Pa) 21
Pauli-Prinzip 32
Pegelmaß 64
Permittivität 52
Phase 33
Phon 64
Photoeffekt
– elektromagnetische Strahlung 54
– Photonenstrahlung 82
Photonenstrahlung, Wirkung 82
Planck-Konstante 66
Plattenkondensator 52
Poisson-Zahl 24
Polarimetrie, Welle 76
Polarisation 47
– Welle 64
Potenzial, elektrisches 46
Prinzip
– Archimedisches 16
– Huygens 63
– Pauli 32
Proportionalitätsfaktor 11
Proton 31

R
Radiant (rad) 10
Radioaktivität 77
rad (Radiant) 10
Raumwinkel 10
RC-Glied, Kondensator 53
Rechte-Hand-Regel 3
Reflexion
– Licht 70
– Total- 71
– Welle 63
Reibung 14
– Gas, Flüssigkeit 15
– Newton 15
– schiefe Ebene 15
– Stokes 15
Reibungskraft 14
Reihenschaltung 29
Reißen, fester Körper 23
Relaxationszeit 25
Reynolds-Zahl 28
Röntgenstrahlung 80
Rotationsbewegung 19
Rotationsenergie 20

S
Schall 64
Schallgeschwindigeit 64
Schallintensität 64
Scherkraft 24
Scherung 24
Schmelzkurve 40
Schubmodul 24
Schweredruck 22
Schwerkraft 14
Schwerpunkt 20
Schwingkreis, elektromagnetischer 59
Schwingung 61
– erzwungene 62
Selbstinduktion 57
Siemens (S) 49
Sievert (Sv) 82
Sinusfunktion 9
Skalar 2
Skalarprodukt 2
Spannenergie 25
Spannung 46
– galvanische 54
– Messung 50
– Wechsel- 57
Spannungsquelle 51
Spule
– Magnetfeld 56
– Wechselstromkreis 58
sr (Steradiant) 10
S (Siemens) 49
Standardabweichung 7
Standardfehler 7
Stefan-Boltzmann-Gesetz 41
Steradiant (sr) 10
Stoffmenge, Basiseinheit 3
Stokes-Reibung 15
Stoß 18
STPD-Bedingung 39
Strahlendosis 81
Strahlung
– elektromagnetische 65
– infrarote 66
– ionisierende 66
– Partikel 82
– Photon 82
– radioaktive 78
– ultraviolette 66
– Wärme 41
Strahlungsenergie 69
Strahlungsintensität 69
Strahlungsleistung 41, 69
Strahlungsstärke 69
Streuung, Welle 63
Stromdichte 48
Strom, elektrischer 48
– Basiseinheit 3
– Messung 50
– Richtung 49

Stromkreis, elektrischer   49
Strömung   26
– laminare   27
– turbulente   28
Strömungswiderstand   27
Sublimationskurve   40
Suszeptibilität, magnetische   56
Sv (Sievert)   82
Système internationale des Unités (SI)   3
System, thermodynamisches   37
Szintillationszähler   81

T
Tangensfunktion   10
Temperatur   35
– Basiseinheit   3
Tesla (T)   55
Thermospannung   54
Torr   22
Torsion   24
Totalreflexion   71
Trägheitskraft   14
Trägheitsmoment   21
Transformator   57
Translationsbewegung   13
Transversalwelle   62
Tripelpunkt   40
T (Tesla)   55

U
Ultraschall   64
Umwandlungswärme   40

V
Vakuum
– Leitfähigkeit   54
– Lichtgeschwindigkeit   66
Valenzelektron   32
Van-der-Waals-Gleichung   39
Van't-Hoff-Gesetz   43
Vektor   2
– Produkt   3
Venturi-Effekt   27
Verdampfungskurve   40
Verformung   23
Verteilung
– Fehler   6
– Gauß   6
– Maxwell-Boltzmann   38
Viskoelastizität   25
Viskosität   28

Voltmeter   50
Volt (V)   46
Volumenausdehnung   36
Volumen   4
Volumenelastizitätsmodul   25
Volumenstromstärke   26
V (Volt)   46

W
Wärme   36
Wärmekapazität   36
– spezifische   37
Wärmelehre, Hauptsätze   37
Wärmeleitung   41
Wärmemenge   36
Watt (W)   17, 50
Wechselstrom   48
Welle   62
– elektromagnetische   65
– Intensität   63
– Longitudinal-   62
– Schall   64
– Streuung   63
– Transversal-   62
Wheatstone-Brückenschaltung   51
Widerstand
– elektrischer   36
– Ohm   49
– Parallelschaltung   50
– Reihenschaltung   50
– spezifischer   49
– Strömung   27
– Wechselstromkreis   58
Winkelbeschleunigung   19
Winkelgeschwindigkeit   19
Wirkungsgrad   18
W (Watt)   17, 50

Z
Zahl
– Avogadro   32
– dimensionslose   1
– Euler   11
– Poisson   24
– Reynolds   28
Zeit, Basiseinheit   3
Zentrifugalbeschleunigung   20
Zentrifugalkraft   20
Zentripetalkraft   20
Zerfall, radioaktiver   77
Zugkraft   23

89